写给女孩的
哈佛气质课

武敬敏 著

天津出版传媒集团
天津科学技术出版社

图书在版编目（CIP）数据

写给女孩的哈佛气质课 / 武敬敏著. -- 天津：天津科学技术出版社，2022.2
　ISBN 978-7-5576-9835-5

　Ⅰ.①写… Ⅱ.①武… Ⅲ.①女性—气质—通俗读物 Ⅳ.① B848.1-49

中国版本图书馆 CIP 数据核字 (2022) 第 013793 号

写给女孩的哈佛气质课
XIE GEI NÜHAI DE HAFO QIZHI KE

策划编辑：	杨　譞
责任编辑：	杨　譞
责任印制：	兰　毅
出　　版：	天津出版传媒集团 天津科学技术出版社
地　　址：	天津市西康路 35 号
邮　　编：	300051
电　　话：	（022）23332490
网　　址：	www.tjkjcbs.com.cn
发　　行：	新华书店经销
印　　刷：	北京市松源印刷有限公司

开本 880×1230　1/32　印张 6　字数 108 000
2022 年 2 月第 1 版第 1 次印刷
定价：46.00 元

前言
PERFACE

　　哈佛，一所在世界上享有顶尖声誉和影响力的学校，培养出无数位叱咤风云的男性，包括8位美国总统和40多位诺贝尔奖获得者（不包括得奖校友的人数）、100多位普利策奖获得者、数百位世界级富翁，同时也孕育出了很多风靡全球的女性。从哈佛走出的女性给人最深的印象就是：气质不凡。

　　那么，什么样的女孩才算得上是有气质的女孩呢？罗曼·罗兰说过："气质是很抽象的东西，但是它给人的印象却非常深刻。"气质是一种内在的修养，它是思想内涵的体现，洗练出超凡脱俗的"女人味"。在女孩的成长过程中，气质会融入个性，并随着年龄不断地提升，最终造就女性与众不同的韵味。气质是一种智慧，它在点点滴滴的细节中对女孩进行着塑造，让女孩散发出迷人的气韵，拥有持久的魅力。气质女孩如诗如画，更重要的是她们学会了如何绘织如诗如画的风景。气质女孩既不依附于男人，也不脱离女孩本质，在自己能力之内做得更好；气质女孩拥有独立的思考能力，拥有美好的理想，也有为这个理想不断付出、持续前进的激情。

如何才能让自己拥有超凡脱俗的气质呢？女孩的气质模仿不来、着急不得，它不同于时尚，时尚可以追、可以赶，可以花大钱去"入流"，气质比时尚更恒久，它是一种文化和素养的积累，是修养和知识的沉淀。本书运用哈佛的理念，从内涵、才情、品位、智慧、仪容、气韵、心态、自信、性格等方面，全方位多角度指导女孩由内而外提升自己的气质，帮助女孩认识自我、完善人格、提升魅力，掌握诸多打造气质的方法，以睿智风趣的笔触，教会女孩如何打造优雅之美、气韵之美、成熟之美、情调之美，引导年轻的女性脱胎换骨做气质女孩！在这本书里，女孩既可以明白自身的问题所在，又能找到许多具体的行为准则和做事指导。其观点和思想是深刻的，同时也是实用的，每个女孩都能在其中找到切实可行的人生指导和精神启迪。希望女孩能够在这本书的带领下，从现在开始，精心雕琢你的内在与外表，修炼足以倾倒众生的气质，自在从容地释放属于自己的独特风采！

目录
CONTENTS

第一章
哈佛女孩梦想启程：
女孩，就要像花朵一样美丽绽放

X 染色体的秘密——女孩就是与男孩不同　/ 2
女孩天性是最动人的女性气质　/ 7
每一个女孩都可以光彩出众　/ 12
美丽女孩需要练好"内功"　/ 16
准备好迎接自己的绽放　/ 19
做自己人生的主角　/ 24

第二章
哈佛女孩优雅气质：
优雅谈吐是女孩最美的外衣

书籍是最好的化妆品　/ 28
跟随自己内心深处的兴趣引力　/ 31
多才多艺的女孩永远与众不同　/ 36
保有好奇心，让生活更有情趣　/ 42
站姿优雅，坐相端庄　/ 47

餐桌上的礼仪更要讲　　/ 52
令人愉悦的谈吐皆在细节　　/ 59

第三章
哈佛女孩独立人格：
不要让女孩做温室花朵，要做风雨玫瑰

坚持己见，敢于说出自己的想法　　/ 66
独立于天地间，不做只会寄生的"菟丝花"　　/ 71
女孩，你没有想象中的那么娇气　　/ 75
女孩要温柔，但不能脆弱　　/ 78
你若不勇敢，没人替你坚强　　/ 81
努力面对，做生活的强者　　/ 85
女孩，开启你的理性思维　　/ 89
信念是用来坚持的　　/ 94

第四章
哈佛女孩阳光心态：
让女孩的心中洒满阳光

爱笑的女孩运气不会差　　/ 100
开始风雨兼程的今天，是为了抵达花香满径的明天　　/ 103
每朵花都有绽放的理由　　/ 107
丢掉"小家子气"　　/ 111
最美出现在跌倒后站起来的那一刻　　/ 115
攀比，会让你迷失自我　　/ 119

写下你的优点，珍视自己的价值　　/ 123

第五章
哈佛女孩自尊自爱：
让女孩与世界温暖相拥

敢于拒绝，没人有权利当你的主人　　/ 128
不懂得尊重别人，就是不尊重自己　　/ 132
女孩，不卑不亢刚刚好　　/ 136
发现优点，做最好的自己　　/ 139
没有人是完美的，正视缺点与不足　　/ 143
缺点也可以是一种别样的美　　/ 147
不要活在他人的评价里　　/ 151
矜持是女孩永远的标签　　/ 157

第六章
哈佛女孩情商培养：
情商高的女孩更容易幸福

过度虚荣是一剂致命的毒药　　/ 162
愤怒会让你的气质陡然坍塌　　/ 166
宽容他人，是对自己的救赎　　/ 170
生气，是拿别人的错误惩罚自己　　/ 175
揣着仇恨，不如将恩惠轻放心头　　/ 179

第一章

哈佛女孩梦想启程：
女孩，就要像花朵一样美丽绽放

每一个女孩子都是一朵花，含苞待放。散发着与生俱来的独特芬芳，一颦一笑尽是与众不同。时光教给她们精进与智慧，她们能够做得更好的就是努力吸收营养，按照自己的节奏和方式不断成长，悄悄地等待最美好的时光，不为取悦他人，而是告诉他人，每个女孩都有独一无二的美，来到世间，就要绽放自己的光彩！

X染色体的秘密——女孩就是与男孩不同

> 女人的自然本质有多少不如我们男人的地方，就有多少优越于我们的地方。
>
> ——柏拉图

X染色体除了能够代表性别之外，还有什么与众不同之处呢？据资料显示，多国基因科学家组成的研究小组将研究结果发表在英国著名的《自然》杂志上。研究人员发现，在遗传模式、生物学以及人类疾病联系方面，X染色体是人类基因组中不寻常的一种。从基因角度来讲，男人只有45条X染色体在运作，因为男人的第46条染色体是Y。而女性则有完整的46条X染色体，这让她们尽情地展现出众的魅力。

美国杜克大学著名的基因学家亨廷顿·韦拉德博士认为，从基因上来说女孩就比男孩"富有"，甚至韦拉德博士还表示很羡慕女性拥有多一条的X染色体。

拥有全部X染色体的女孩，在生理上与男孩有诸多不同，在生活中，在感知方面女孩和男孩也有很多细微的差别，比如，观察方面，察言观色的能力女孩优于男孩；女孩幼时阅读能力通常比男孩强；女孩可以同时处理很多事务，善于协调，男孩更擅长一件事做完再做另一件；女孩的注意力比男孩的持续时间长，而男孩注意力相对要比女孩集中。男孩在静坐和久坐过程中的学习能力总体上不如女孩。男孩更有可能从肢体运动中学习；女孩的所有感觉器官（包括直觉）天生要比男孩灵敏。

正是因为这些不同，造就了我们不一样的女孩，在美国有个小笑话："女孩是用糖果和香料做成的。"是的，她们温和细腻、敏锐实干、悦己助人、周到得体、坚强勇敢。她们是不一样的风景，有不一样的夺目光彩。

哈佛大学的教育理念一直倡导，女生与男生不同，她们的天赋与优势必然不同。而对于女孩来说，最耀眼夺目的魅力就是由内而外散发出来的迷人的女孩气质，这种气质比美丽的容貌更具备征服他人的力量，比试卷上的考分更能彰显女孩的修养学识。一位杰出的女性，可以不必拥有美丽的容貌，但必须具有自身优雅从容的女性气质。

哈佛大学告诉女孩们，要用自信击溃人生道路上的重重障碍，骄傲地跨过挫折的阻挡；用活力领导蠢蠢欲动的灵魂，拥有自心向往的美丽人生；用独立包裹强大的内心，开创自己独特的生活方式；用热情引导探知的脚步，探索宇宙的浩瀚和人世的繁华。

○ **哈佛女孩教养手札**

科学家认为女性的 X 染色体比男性的 Y 染色体多出了上千条有效基因，这会导致女性在心智上胜过男性。科学家指出，这就是"女孩的心思难猜"的原因之所在。很多时候，女孩的心思是不会被我们一眼看出来的，甚至我们猜也不一定能够猜对。

因此，相对男孩来说，女孩子更感性，有更多情绪，更喜欢沟通与表达，更需要被理解。女孩的多愁善感正是心思细腻敏感的缘故。

韦拉德博士却认为 X 染色体的遗传因子是积极的，而且由于多一条 X 染色体的存在，女性在基因表现上要比男性突出。从另一个角度来说，女孩更容易表现出乐观、积极、勤劳的一面。所以，如果女孩被善加引导，就会将 X 染色体的积极因素展现出来，女孩的天性是不会轻易被磨灭的。此外，X 染色体还有爱合群的特点。科学家研究发现，哺乳动物的卵巢制造卵子的时候，每条X染色体都会和X伙伴交换基因，以此提升自我。因此，女孩通常都比男孩合群，而且更容易融入新环境。同时，女孩也更加注重人与人之间的关系，在意他人对自己的看法，害怕被孤立。所以，有时女孩会放弃自己的立场而委曲求全，也正是因为如此，很多人误认为女孩胆小、没主见、懦弱。

正是由于这条X染色体的存在，女孩会表现出很多不同于男孩的特点，甚至可以说，X染色体决定了女孩一生的成长轨迹。了解女孩和男孩的差异，是为了让她们沿着更适合自己的轨迹幸福成长。

亲爱的女孩们，要记住你是个女孩子，请正视你所拥有的特质，并且珍惜它。生为女孩子，就是要作为一个女孩子去经历人生的花朝露夜、风霜雨雪，就是要体验一个女性可以体验到的一切，就是要你学习并且展示一个女性可能拥有的一切美好。

不用羡慕男孩子，因为两性各自拥有对方所不具备的许多优点。其实有不少男性在心底里是羡慕女性的。《红楼梦》里宝玉说"女孩子是水做的，男人是泥做的"，并且认为女孩子是天地精华所在，连那样锦绣堆中出类拔萃的男孩子都这样为女孩子发出赞叹，可见做一个女孩子是今生的福分。可是，水做的女孩子，她的许多特性也像水一样，既清澈美好又不静定凝固，天赋的阴柔、善感，使女孩子拥有爱美的天性，温柔、善良、细致、娴雅的气质以及丰富的内心世界。要在社会上找准自己的位置，要在世俗的喧嚣中穿行，要保持这些美好的特质并不是一件轻而易举的事，需要真正的坚持，有时还要为此做出抉择、付出代价。

女孩要始终保持一颗纯善之心，心中有梦，不论身处环境如何，心中都不会黑暗，让梦带给你脸上与众不同的光辉；不要让贪婪、物欲的烟雾迷住眼睛，让你明亮的眼睛只追随梦开始的地方，即使四周的人沉浸在各种利益的争掠之中，你清澈的眼睛也不要忘了常常仰望星空；女孩要摒弃粗糙、伧俗、急功近利，因为那是女性气质的大敌。保持你的文雅、脱俗，让接近你的人能感到你的周围是一股清气；永远不要失去对人、对世界的温柔爱心，永远让你自己和你身边的人对世界、对明天怀着希望；女孩不学虚伪、奉迎、见风使舵，在任何情况下都不改变自己的清朗、纯真。虽然会因此失去一些现实利益，但你得到的远比失去的要珍贵得多。

要耐心地倾听和理解别人，安慰和尽力帮助在困难中的人，那会让你体验到更大的幸福与快乐。

一个有气质的优秀女孩，平心静气、自得其乐，永远不失去清水璞玉般的洁净温润，又能志存高远、完善自己。

女孩天性是最动人的女性气质

> 释放女性光辉的女人，是天下最美丽的女人。
> ——哈佛家训

每个人身上都有不同的闪光点，但不是都能被发现，也不是都会灼灼发光。很多时候，不了解自己的优势，我们便无知无觉地埋没了它，从而让自己的人生显得平凡无长，没有亮点。

女孩子的天赋与男孩比起来，似乎十分明显。同样一个事物，在男孩和女孩的眼里会呈现出不同的印象与理解。一位妈妈问自己的龙凤胎儿女，是否还记得海边度假时看到的椰子树长得什么样？儿子不假思索地回答："椰子树好高呀！"小女儿却歪着头，陷入遐思像又回到海边一样，口中感叹着："椰子树又直又高，像是一把撑开的伞，上面还结了许多椰果。对了，椰子树的树干像大象的腿……"

看，女孩天生这么富有联想能力，与男孩子理性泛泛的记忆相比，女孩的描述更容易给人带来形象的体验。女孩为何会在形象思维和语言能力方面有如此大的优势呢？这是因为人类的左脑是主管形象思维和语言的，女孩的左脑要比男孩发达，所以她才会在形象思维和语言方面表现出一定的优势。

也正是因为语言能力好，女孩往往更喜欢和人交往，她从婴儿期就表现出了与人交流的意愿，长大后她也能够更好地与人沟通。女孩很小的时候，就对色彩比较敏感，她很早就可以握住画笔，按照自己的想象去画画；她的手比较纤细，动作也比较灵活，因此，许多女孩都喜欢跟着妈妈学习织毛衣或者做针线活。有些女孩略长大一点，还会找些碎布自己缝缝补补，制作一些手工艺品。

除此之外，女孩还非常擅长调动自己的触觉、味觉、视觉和听觉。细心的她总是能够捕捉到一些微妙的、不易被人察觉的信息，从而建立自己的直觉系统。因此，有人说"女人都是有第六感的"。

女孩善于联想，更善于表达，她们尤其善于构建和谐融洽的关系。因此带有这种天赋的女孩，在社会中总是充当调剂者、维系者、沟通者和守护者的角色，这种天性有时被视为滋养人类文明的母性光辉，也被视为女孩身上特有的温和、舒服

的气质。

同样是一场比赛，男孩们无时无刻不在想自己该怎么赢，女孩却在想怎样和对手保持友谊。"下一次你一定会赢。"获得胜利的女孩可能会这样跟对方说，她能够了解对方的失落和悲伤。是的，女孩把世界看成一种关系，她们倾向于关系式的生活方式。

当然，女孩也有她们的不足之处。比如，女孩缺乏空间能力，她的抽象思维能力更为薄弱，而且她天生不具有攻击性。

女孩应该科学地对待自己的天赋与不足，合理有度地利用自己的个性特长上的优势，它是女孩走向成功的一种资本，如果任其过分张扬发展到极致，则会走向成功的反面。过分的细致和细腻会使女孩纠缠小节，忽视大体，缺乏全局观念；滥施同情心的结果是丧失原则性；过于温和与谦逊又使女孩将来在职场缺乏魄力和威信，阻碍政令畅通；柔性的无限制发展最终成为犹疑不决，优柔寡断，缺乏果断性，往往错失决策的良机。

发挥自己的优势，克服自己的不足之处，才能修炼出优雅从容，笃定不惊的女王气质，才能成为有气质更有气场的优秀女性。

○ **哈佛女孩教养手札**

哈佛大学的社会学研究专家曾经指出，女孩身上特有的母性天赋让她们在人类社会中常常扮演"孕育"和"包容"者的角色。人们天生更容易想念和依赖女性，因为她们更亲和、温柔、周到、体贴，和她们在一起，总能体验到更多的舒适与喜悦。

当你走在陌生的街道上，大部分人会选择向年轻女性问路，因为她们更热情，富有爱心，乐于帮助他人。

当你的家庭关系紧张时，大部分孩子也更容易倾向于由母亲缓和气氛，因她们更乐于包容、体谅，能够安慰和鼓舞他人。

这也不难理解，为什么在很多家庭中，女孩总是更容易与父母保持亲密关系。相比男孩而言，女孩与父母的相处方式更温柔，更容易与爸爸妈妈成为朋友，尤其是同为女性的妈妈，更容易理解女孩的小心思，倾听女孩的小心事。心理学上也有研究表明，同父子关系相比，母女关系往往看起来更为亲密。

女孩，无论是青少年，还是成熟女性，她们天生的气质让她们更容易维持亲密的关系，有更多的场合和机会发挥自己的特长，实现自己的价值。

女孩生来就具有形象思维好、语言能力强、手指灵活协调、善于人际交往等优势。虽然女孩存在如此多的优势，但是在某些方面却也存在劣势，女孩的抽象思维能力较差，这表现在许多女孩面对复杂的数学公式常会感到头疼，那些立体几何题更是让她不知道如何解答。而且，女孩的空间感和方位感也不强。即使是成年女孩到了陌生环境也常常分不清方向，很容易迷路。

因此，扬长避短是成功的关键。根据天赋再进行有的放矢的训练，才是获得成功的力量。

由于大脑结构的优势，女孩通常比男孩更早、更生动、更流利地使用语言。所以，应当给予女孩更多的话语权，尝试让她们说出自己的感受和体验、表达自己的观点。然而如此感性的女孩容易被过度的自尊打败，她们常常会有试图牺牲个性维持和谐的想法。也许很难有人相信，女孩能看见那些被我们忽略掉的东西。

也正因如此，女孩最动人心的气质就是她的温柔，当然，这种温柔不是矫揉造作，是知冷知热，知轻知重，懂得分寸，得体有度，和这样的女孩在一起，内心的一些不愉快也会烟消云散，这样的女孩，怎能不令人心动？

哈佛大学并不倡导它的高才生都成长为女强人，相反，他们更加珍惜女生身上的温柔特性。他们相信温柔就是女孩最强大的武器，这种武器总是在无形中赢得战争，赢得人心，赢得人生的幸福美好。

每一个女孩都可以光彩出众

> 你应庆幸自己是世上独一无二的,应该将自己的禀赋发挥出来。
>
> ——哈佛心理学教授 塞德兹

哈佛向来崇尚自由精神,她让每一位学生都尽可能地认识到自身的全部优缺点,所以学生在院系专业之间的调整并不是什么新鲜事。她认为,每个人都是特别的,每个人都能在自己的领域光彩出众。正如哈佛学子爱默生所说:"你,正如你所思。"

很多女孩对自己没有足够而清醒的认识。认识自我是一个严肃而漫长的过程,人的一生就是不断审视自己的过程。对自身的不准确认识,不论是过高估计还是妄自菲薄,都会影响她能力的发挥。

○ **哈佛女孩教养手札**

池田大作曾说:樱花有樱花的美,梅花有梅花的香,桃花有桃花的色彩,李花有李花的风味。百花争妍,才会有花园的美丽。

所有的花儿都是美丽的,哪怕是蒲公英!每一朵花儿都以自己的风姿给人以愉悦。对所有人来说也是如此，和百花一样，每个女孩都有各自的使命、个性和生活方式，每个人都要开出自己的花，完成自己的使命，这样整个世界才能和谐美丽。

女孩的魅力不仅仅在于外貌出众，更要对自己有自信，而这份自信源于生活的积累、内心的丰富、良好的素质修养、渊博的学识和对自己清醒的认知。一个女孩的魅力源于她的智慧，从她的话语、她的眼睛，能够感觉到她的美丽；源于她的自信，她的眼睛充满光彩；源于她的丰富的内涵所表现出来的高雅气质；源于她的坚强和干练。

快乐的女孩让人觉得魅力无穷，她会用自己的笑声感染周围的人，把自己的心情与朋友分享。快乐是一种积极向上的生活态度，在人生旅途中不可能永远春光明媚，当浓云滚滚而来，生活失去了方向时，积极调整心态，相信乌云终究遮不住太阳，坚强应对命运的挑战，人生能有几回搏？尽量让自己的生命丰富起来，留下最少的遗憾！

每一个女孩都是特别的，都应该有自己独特的品位。拥有品位体现在外表以及涵养上，品位与时尚或奢侈品是不同的，它是一个人观察事物时的态度，同样的东西，不同的人眼光下会出现着不同的版本。

要做一个光彩出众的女孩，日常生活中还要注意以下几点：

养成看书的习惯。谈吐与修养最能征服人，书可以让人们的生活丰富，也可以让人们的思想进步，选择阅读一本好书，胜过一个优秀的辅导师。

与有思想的优秀人交朋友。一个好的朋友可以让你的人生有很大改变，会让你变得乐观，你可以从他们的身上学到东西。但是想交朋友，就要对他们付出真诚，你对别人好与不好，别人都清楚地感觉得到。

远离泡沫偶像剧。想了解社会并不能通过那些泡沫偶像剧，像一夜暴富或是一夜间一贫如洗在生活里或许会有，但不会像电视剧里播放的那么简单而直接，爱情与亲情也没有影片里的那样决绝与残忍，偶像剧会让人们失去对社会的正确判断能力。

学会忍耐与宽容。社会并不是一个任性的地方，那些小姐脾气要慢慢地收敛了，因为有些时候计较会让你失去自尊。给那些不友好的人温和的微笑，既能够让对方无地自容，也能够给别人留下大度且善解人意的好印象。在适当的时候让一步，不仅可以体现出你的涵养，而且会让你成为受人欢迎的女孩。

还要养成健康的心态,重视自己的身体,千万不要为了这样或那样的理由不顾身体健康,不管明天有多么的美好,以一副生病的姿态去迎接它,都不会感觉到它的美好。

女孩,让你的青春放肆一些,笑容灿烂一些,你可以肆意地笑,可以倔强地哭。不要怕输,青春才刚刚开始,你有着输的资本,你可以重新开始自己的追求。你要做最真的自己,最美的年华留下灿烂的微笑,你要懂得,每一个女孩都可以光彩出众。

美丽女孩需要练好"内功"

> 虽然我们走遍世界去寻找美,但是美这东西要不是存在于我们内心,就无从寻找。
>
> ——哈佛学子 爱默生

气质是人内在涵养的外在体现,有气质的女孩总是衣着得体、谈吐文雅、举止文明、彬彬有礼、落落大方。

也许,你还在为自己没有漂亮的容颜而郁郁寡欢、自卑懦弱。其实,你应该明白这样一个事实:比容颜更能主宰他人对你的印象的,是一个人的气质涵养,正如哈佛大学一位教授所说:"每个人自身都是一座金库,而美丽的内在就是最大的财富。"

美丽的内在恰是一个有气质的女孩需要练好的"内功",奥黛丽·赫本也曾说过:"女人的魅力不在于外表,真正的美丽深藏于一个女人灵魂深处,在于亲切的给予和热情。"很多时候,有魅力的女孩最大王牌不是容颜、财富等外在的表现,而是美丽内在,是她的宽容博爱,她的温柔善良,她的乐观优雅。

从培养"美丽内在"开始，用一颗善良而乐观的心面对生活，时常心存感恩，你的形象就必定是光彩照人的，你的人生一定能赢得上天的眷顾。

○ 哈佛女孩教养手札

在哈佛校园里一直流传着这样一句话："如果你不够漂亮，那就成绩好点；如果你成绩也糟糕，那就请你保持微笑、学会珍惜，葆有一颗美丽的心灵。"对每一个女孩来说，这句话都堪称至理名言。你总有你的美丽内在，容颜会老，时光会溜走，但美丽的内在却历久弥新。

如果将美比喻成一棵树，那么内在美便是树根，内在美反映的是人的本质，体现一个人的内心涵养、胸襟的深度。而一个人正因为内在涵养的不一般，而使他整个人都不一般。美丽的内在就是自身最大的金库。哈佛教授告诉我们，善良、仁爱这些内在的品质具有神一样的魔力，可以弥补外在的不足，让她散发如太阳般耀眼的光芒。

镭的发现者——居里夫人，当初穿着沾满灰尘和油污的工作服翻矿石、搅沥青，在繁乱的冶锅中寻找镭的踪迹。浓烟刺眼呛人，粉尘飞扬，居里夫妇终于成功提炼出镭。法国要授予他们勋章；有人要高价购买专利，可是居里夫妇为了让更多的科学研究者探寻镭的本质，公开宣布：不要勋章，不卖专利，技术公开。这位不凡的女性，为世界科学做出巨大贡献的同时，也用行动和科学家的责任感、使命感,向我们证实了内在美比外在美更为重要。

一个气质女孩,她们最吸引人的地方,其实并不是容颜,而是她美丽的内在。在日常生活中,遇人要热情,面带微笑。哪怕是面对陌生人,也不能表现得冷酷或深沉世故。在谈吐方面,与人交谈时,尽量不要打断对方,要耐心地听对方述说。同时,态度要诚恳、温和,眼睛要看着对方,不能斜视或看其他地方,因为那样不礼貌。但是,也不能长久地直视对方,因为这样会让对方感觉不自在。另外,要多赞美他人,善于发现他人的优点,能够宽容和体谅他人。

气质女孩拥有一双能发现美的眼睛。她们懂得什么是内在美,也就是心灵美。她们也懂得内在美的重要性,追求内在美和外在美的统一。在日常生活中,女孩子更要注重感受美、发现美和创造美,保持爱心。

准备好迎接自己的绽放

> 在一切与困难的交涉中，不可希冀一边下种一边收割；而应当对所做的事情妥为准备，好让它渐渐成熟。
> ——培根

人们常常用花朵来形容女人，那么女孩就是花苞，含苞待放别具一种美丽的气质。

欲语还休的青涩是内敛的，不像盛开的鲜花那么张扬，那么耀眼，带着一种冲击力。据心理学家研究，人们在问路时多会选择年轻女孩求助，因为年轻女孩不会轻易拒绝，她们带着与生俱来的亲和感。

但也恰恰因为这种毫无防备和相信美好的女孩特性，让她更加脆弱敏感，善良无防备，有时冲动，有时犹豫，为了一些小事也能红了眼眶。活得跌跌撞撞却也无比认真，虽然容易受到伤害，但也能迅速调整自己并让自己恢复。在女孩自己看来，这或许是青春的烦恼，而在别人眼中，这恰恰是青涩女孩特有的女生气质和青春气息。

女孩的内敛和女人的绽放有着不同气质的美，女孩的美恰恰在于即将绽放而待放未放的酝酿。

　　这个时期的女孩是在为迎接自己的绽放做准备，从青涩纯真的女孩蜕变成成熟淡定的女人，这是每个女孩必经的成长之路，这时要学习内外兼修，从容自信，用智慧和勇气迎接美好的明天，更好的自己。

○ **哈佛女孩教养手札**

　　由于女孩天生的敏感多思，在成长过程中，便会多生出很多的烦恼与症结。这时最好的办法是倾诉，女孩天生就有一种情感倾诉的心理诉求。拥有秘密、遇到难题时，她们都希望能有一个理解并支持她的人倾听她的烦恼。而不是如我们通常所想，女孩的心思很难猜，可以置之不理。对于没有给予女孩足够的爱、信任和支持的家人或朋友，女孩常常是用保持沉默来自我缓解那些情绪压力，以保持这些亲密关系的和谐，这难道不正是女孩的善良之处吗？

　　现实是，这样的情况普遍存在于生活之中。能够与女孩保持良好高质量的沟通的家长少之又少。因此，大部分女孩总是拥有自己的秘密，心事重重，忧心忡忡，情绪化而又敏感。

　　如果女孩不可避免地经历自我内在消化和自我坚强而后成长，那么女孩应该学习的第一件事便是接纳自己，爱自己。

　　一个上幼儿园的小女孩儿某一天突然对妈妈说："妈妈，我好可怜啊。"妈妈非常紧张地问："你为什么这么说呢？"

小女孩心事重重地说:"如果我不喜欢别人,我可以选择不跟他一起玩儿,可是如果我不喜欢我自己,那我也没有办法逃走,不跟自己玩,我能怎么办呢?"听到孩子口里说出这样的话,妈妈的心都快碎了。小孩子就是这样简单,她可能因为今天的穿着不是自己喜欢的颜色就不喜欢自己,也会因为自己没有很好地完成手工任务而不喜欢自己。总之,不管是幼稚的儿童还是成长中的女孩,都很容易因为自己的某处缺点而不喜欢自己,又或因为无法逃脱而苦闷不已。

哈佛的心理教授告诉她的学生们,一个人如果不喜欢自己,他也很难去喜欢和接纳别人,所以基本上他的人际关系是僵硬的,扭曲的。如果想成长为气质优雅淡定的魅力女性,首要的课题就是学习接纳自己。

哈佛的教授曾经用这样一个故事告诉学子们一个道理:

有一个人搬了新家,考虑到新环境的安全问题,他养了两只个子非常高大的看家狗。这一天,他因公需要出差两个星期,就想让这两只狗好好帮他看家,照顾他的妻子,保护他的小孩。结果当他出差回家后,他太太跟他说:"你都没有办法相信,这两个礼拜发生了什么事情。我们附近有一只小土狗,可能以前这里是它的地盘。这只小土狗每天会来我们家报到。因为我们的院子没有篱笆,这只小土狗就走进院子。我们这两只大狗就执行它们的勤务,开始对这只小狗大叫,可是这只小狗似乎丝毫不为所动，它继续在这个院子里面四处踏步，表示这是它的领土。这两只看家狗也显出它们受训练的能力，对着这只小狗叫，追逐它，咬它，要把它赶出这个花园。小土狗被咬伤，逃走了。可是第二天它又来了，四处踏步，表示这是它的领土。大狗向它叫，然后又是一场混战，小狗逃跑了，但是第三天，它又回来了。这样持续了两个星期。"她说："亲爱的，你知道吗？今天当我们这两只大狗看到那只小狗来的时候，它们惊慌失措地逃入地下室里去了。"这只小狗是充满自信心的，它相信它是那里的主人，所以不管别人怎么看它，它只认定它是谁，最后别人被它征服。所以自己对自己的看法远远超过别人对你的看法。

可见一个人对自己的看法远比别人对他的看法重要，因此，女孩要正确认识自己并积极接纳自己，包括自己的优点和缺点。要知道，从人体科学上来讲，每个人的智能发展都有不均衡性，也就是每个人都有自己独特的个性，要懂得发展优势，弥补不足，改善自我。

同时，我们还要合理定位理想的自我，有目标，才会有发展方向,通过与人交往、展现自我,不断接纳自我、满意自我、赏识自我,朝理想自我的方向发展。不能改变他人和环境时,就需要及时调整自我。因此,女孩一定要有健全的意志品质,这样才能做到遇到困难或突发事件后可以根据外在的发展不断地调整自己。此外,还应当有较强的成就动机,积极、主动、自觉地激发斗志,维持和调节发展目标,不断强化自己、鼓励自己。女孩要懂得追求自我实现,才会对自己和他人都抱着喜欢与接纳的态度,真诚友善地对待每一个人。

能够如此善待自己的女孩,也必将在自己的花期骄傲绽放。

做自己人生的主角

> 人生不过如此,且行且珍惜,自己永远是自己的主角,不要总在别人的戏剧里充当着配角
>
> ——哈佛学子 林语堂

每一个女孩儿都是骄傲的公主,未来的女王。要成为气场强大的女王,就要学会掌控自己,做自己人生的主角。

在人生这场大戏中,做主角还是配角关键就在于我们自己的选择。每个人都是自己人生的主角,没有谁可以改变他的人生。哈佛非常注重对女性学生在独立性和自主性方面的教育,他们总是对女生说:"Do Yourself!"果然,从哈佛出来的女性都把自己的人生经营得精彩纷呈,个性不凡。所以,女孩不应该相信命运的安排,更不要期盼上帝的眷顾,要做一个真实自然、率性而为的美丽女孩!时刻记住:你就是你想成为的那个人,那个最真实、最好的你。

○ **哈佛女孩教养手札**

哈佛训导她的学子们要坚守自己的人生价值观,主导自己的人生走向,不被外界的质疑或非议干扰,做一个独立思考、

有成熟的自我人生管理能力的人。

这种人生观的引导对女孩来说尤为重要。在全世界范围来看,无论东西方文化的差异有多大,女性都或多或少地存在先天"弱势",因此,她们会被这个社会自然地视为跟随者、辅助者、被保护的对象。从而在女性的独立思考、对自我意识的尊重方面稍显薄弱。这就是为什么即使在民主开放的西方国家,也依然存在很多女性具有强烈的"女权意识",那正是因为女性要求的平等权利,事实上却很难得到。

当然,我们这里并不是要讨论女权,而是提醒女孩们,在这样的社会环境中,女孩尤其需要拥有独立思考能力,有自己的想法和追求,不依附于外界或他人,能够更多地坚守自己,做自己人生的主角。

曾经有一个女演员接拍了一部正在走红的导演的电影,能够与当红导演合作,是非常幸运的事,而且又是一个自己喜爱的角色,她决定全力以赴去演绎。

然而,事与愿违的是,开机第一天,女演员就辞演了。很多人为她感到可惜,可是她告诉人们说,她很欣赏这位导演的才华,但是第一天演戏时,他却对她说:"你不能这样演,要知道你是配角,这样演会抢了主角的戏。"

女演员不能接受这样的建议,"如果主角演得好,怎会被配角抢了戏。如果为了突出主角要以配角的平庸来衬托,那岂不是一部作品的悲哀？我是这部戏的配角，但对于我自己的角色来说，我也一定要全力以赴把它演好，我要做我自己的主角。"

也许，这个世界就是这样，主角出色是主角的亮丽，配角生辉是配角的风采。看似名目不同，实则各领风骚。亦如大人物有大人物的光芒，小人物有小人物的趣味，但最关键的是，在人生的大戏里，我们必须是自己的主角。

亲爱的女孩们，自己才是自己人生的主角，行走在自己铺设的人生轨迹上，一定是最开心最能取得成就的。你应该在自己的世界里自己做主，你生来绝不是为世俗这沉闷的戏文扮演繁忙的配角的，如果不能在世间唱主角，但你起码要做自己人生的主角！

专注涂抹属于自己的生命，尽管这张生命图纸或许目前还没有一点颜色，但只要自己用心，做真正的快乐的人，就可以相信，这张纸会变得五彩斑斓，哪怕偶尔会有一点失误，产生了劣迹，但那也属于自己主角世界里的另一片精彩。

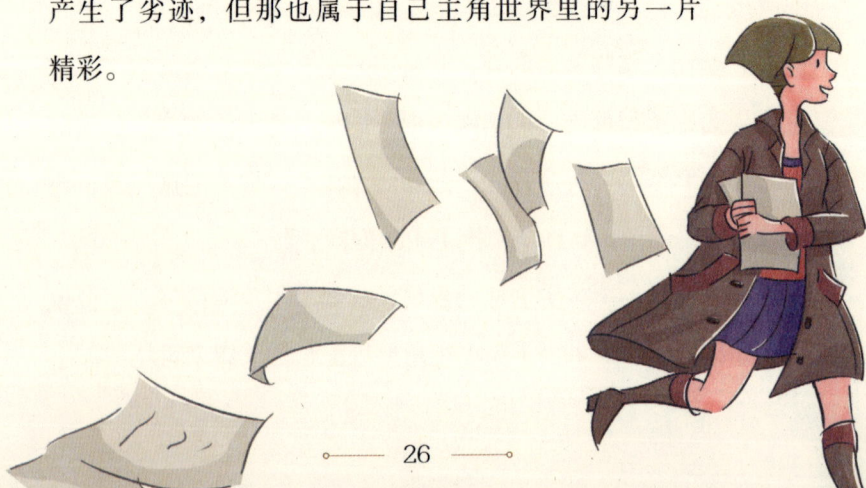

第二章

哈佛女孩优雅气质：
优雅谈吐是女孩最美的外衣

优雅，既是女孩最美的外衣，更是源于内蕴的气度！历史上、舞台上、银幕上，优雅女孩浑然天成，看不到一丝矫揉造作，一颦一笑、一言一行，皆是自然的、个性的、简洁的、调和的、知性的，仿佛你将世间所有美好词语堆砌于她们身上都丝毫不为过。

优雅是一个女孩由内而外散发出的一种味道，一种高贵的气质，一种迷人的韵味。一个看起来漂亮的女孩未必称得上优雅，但一个优雅的女孩一定是令人赏心悦目的。优雅与金钱无关，与地位无染。

书籍是最好的化妆品

> 如果使用得好,书就是最好的东西;如果滥用,书就是最坏的东西。
>
> ——哈佛学子 爱默生

哈佛大学占地154公顷,随处可见用苏格兰红砖建筑的图书馆。在哈佛人看来,书就是生命。不夸张地说,在哈佛每个人都是一座图书馆。阅读习惯是一种文化素质,是国民,尤其是国家未来的建设者——青少年素质中的一个重要组成部分。

对于女孩来说,书籍是最好的化妆品。有这样一些女孩,她们喜欢书。买书读书写书,书是她们经久耐用的时装和化妆品。普通的衣着,素面朝天,走在浓妆艳抹的女人中间,反而格外引人注目。是气质,是修养,是浑身流溢的书卷味使她们与众不同。"腹有诗书气自华",这句话对她们再合适不过。

书让女孩变得聪慧,变得成熟,使女孩懂得包装外表固然重要,然而更重要的是心灵的滋润。"和书籍生活在一起,永远不会叹息。"罗曼·罗兰如是劝导女人。是的,书籍是最好的化妆品,读些好书,会让女孩保持永恒的美丽。

○ **哈佛女孩教养手札**

知名的随性作家三毛曾经说：读书多了，容颜自然改变，许多时候，自己可能以为许多看过的书籍都成过眼烟云，不复记忆，其实它们是潜在的。在气质里、在谈吐上、在胸襟的无涯，当然也可能显露在生活和文字中。是的，"腹有诗书气自华，最是书香能致远"，书籍是女孩最好的朋友，用图书提升你的气质，成为一个有学识的女孩。

哈佛学子爱默生说：读书时，我愿在每一个美好思想的面前停留，就像在每一条真理面前停留一样。读书的女孩，会让生活情趣高尚，很少去叹息忧郁或无望地孤独惆怅。对于每个人，重要的是拥有健康的身体、从容的心态，只要心境能保持年轻，就能对于年华的逝去无所畏惧。因为她们懂得与其停在那忧郁的往事里，不如把这时间和精力用来读书，使自己从"忧郁"的境遇中解脱出来，不怨环境，也无须艳羡别人。在哲思中让心情一天比一天愉快年轻。

高尔基说，"学问改变气质"，读书是气质和精神永葆青春的源泉。读书又是不分年龄界限的，年年岁岁都是女人读书的芳龄，从现在开始也不迟！读书的女人，永远是一份不过时的美丽。

养成阅读的习惯，是女孩子一生的财富。女孩要多多注意对自己阅读兴趣的培养，兴趣是最好的老师，只有对阅读产生了兴趣，才能养成阅读的习惯。首先，家长要和孩子一起读书。美国总统布什的母亲极力鼓舞父母与孩子共同阅读，她说："我总是尽可能多地与孩子们一起读书，有时我也让他们读给我听。我的一些孩子直到很大后，还保持着与我共同读书的习惯。当他们放假或有空闲的时候，我们就会轮流地读一本名著。有时，还会就精彩的部分进行讨论。为了培养孩子良好的阅读习惯，布什夫人常常在固定的时间送书给孩子，每个月的某一天，悄悄地把书放在孩子的枕头下，在孩子生日时送一套书；家庭旅游时，让孩子带一本心爱的书同行；外出用餐时，也可以带一两本书，让孩子有书可翻。

美国的脱口秀女王奥普拉·温弗瑞在哈佛演讲时曾说："女孩本身也是一本书！关键是你要成为一本耐人寻味的好书。"普拉用书提升自己，给自己以力量，治愈心灵的伤痛，而一般女孩子读书，更多的是为了提升自身的气质。与书香为伴，你会提升自身的内涵、学识、见解，让自己有良好的修养和优雅的谈吐。谁人不喜欢有学识、有修养的女孩呢？

爱读书的女孩，她们以聪慧的心，宽广质朴的爱，善解人意的修养，将美丽写在心灵上。读书，使她们更潇洒，读书，为她们添风韵。即使不施脂粉也显得神采奕奕、风度翩翩。

跟随自己内心深处的兴趣引力

> 一个深广的心灵总是把兴趣的领域推广到无数事物上去。
> ——黑格尔

哈佛大学的一位女性教授曾说:"你一定要坚持自己的兴趣,这会让你受益匪浅。虽然我曾因此失去很多东西,但我从未后悔。"一个没有梦想和兴趣的女人,如同一朵枯萎的花朵,毫无生气。兴趣,让女人始终保持本真,让女人拥有自己的天地,让女人不庸碌于家务琐事中。一个有着自己兴趣的女人,往往更有人格魅力。

有某方面兴趣的女人,总是更有女人味儿。爱打扮的女人,如同春天绽放的鲜花,用美貌力压群雄;爱逛街的女人,大多具有超凡的持家能力,和周围人的关系也都很和睦;爱艺术的女人,呈现出浪漫脱俗的气质,具有常人难有的灵气;爱运动的女人,大多拥有健康的体魄和完美的身形,给人以活泼清丽之感;爱花的女人,总是善良且纯真的,让人产生保护欲,等等。要培养自己在某方面的兴趣,因为它会充实你的生命,甚至改变你的生活。

○ **哈佛女孩教养手札**

　　人生最幸福的事就是把时间花费在对你最有意义的事情上面。做你所爱的，爱你所做的。一个人做自己感兴趣的事，并且做成 NO.1，幸福就在努力后。

　　学习也是一样，没有兴趣的学习是枯燥的，苦涩的，即使靠毅力坚持到最后也不会有太大的成功，因为你的心不在那里！卢梭说过：问题不在于教他各种学问，而在于培养他有爱好学问的兴趣，而且在这种兴趣充分增长起来的时候，教他以研究学问的方法。

　　著名教育家苏霍姆林斯基曾经说过：一个孩子到十二三岁还没有自己的兴趣和爱好，做老师的要为他担忧，担心他长大以后对什么都漠不关心，成为一个平平庸庸的人。的确，如果一个学生对学习没有兴趣，将来就很难有什么成就。因此，培养孩子的学习兴趣就是家长的重要任务。

　　纵观历史上的大科学家、大学问家，并非是我们认为的"好学生"，他们小时候往往功课都不算好，但总有自己的兴趣和爱好。牛顿父亲早亡，家境贫寒，小时候在学校学习成绩很差，但迷恋机械构造，爱做各种实验，经过努力，发现三大定律，成为伟大的科学家。德国化学家李比希，生于一位药剂师家庭，从小喜欢化学。有一次他把炸药带到教室里表演给同学看，发生了爆炸，结果被学校开除了。父亲送他到朋友家当学徒，因为在阁楼上做雷酸的实验把朋友家的屋顶掀掉了,结果失业了。但因对化学的兴趣执着,他后来在化学上有多项发明,成为一名伟大的化学家。

所以,兴趣是学习的最大动力。兴趣,其实就是人的一种内驱力,是人的活动的内在动机。从心理学来讲,人的行为背后总是有一种动机。动机有外部动机和内部动机之分。学生的学习也是有动机在驱动。父母、老师的奖励和惩罚,迫使学生学习,这是一种外部动力。但这种动机是短暂的,父母或老师的奖惩过去了,这种动机就会消失。比如说,父母允诺,考试成绩考得好,奖励一辆自行车,结果考好了,自行车得到了,再学习的动机就消失了;或者因为没有考好,没有得到奖励,学习的积极性也就没有了。可见外部动机是容易消失的,但只有内部动机才是持久的。内部动机是什么?就是对学习的兴趣。当然经过多次奖励和引导,外部动机也可以转化为内部动机,使学生对学习本身感兴趣。但这种奖励应该是精神的,物质奖励容易引起负面效应。

兴趣往往从好奇心发展而来。好奇心是人之天性。孩子长大到三四岁，对周围的事物很好奇，会向大人问这问那，这就是好奇心。父母和幼儿园的老师要保护儿童的好奇心，尽量回答儿童的问题，不要对儿童的提问不耐烦。有的父母会厌烦孩子提问，或者搪塞他的问题，这会压抑儿童的好奇心，导致他对事物缺乏兴趣和爱好。在小学教育中鼓励学生大胆地思考，勇敢地提问。只有会思考，敢提问的学生才能对学习产生兴趣。

兴趣是可以培养的。苏霍姆林斯基常常用阅读来引发学生的兴趣。他说，有一个学生不爱学习，他就陪他读书，读到有趣的地方，就说我有事，你自己读吧。学生自己读下去，慢慢对学习产生了兴趣。有时老师的课讲得好，生动有趣，会引起学生对这门课程的兴趣。师生关系的好坏也会影响学生学习的兴趣。学生往往对喜欢的老师的课感兴趣。

在生活中，女孩们也不要强迫自己做不感兴趣的事，如果非做不可，就找找那件事中的乐趣，深入其中，慢慢地发现自己的兴趣和优势，并做到在困境中不放弃、在遭遇挫折时更坚强，直到梦想插上翅膀飞进现实中。哈佛在专业课外，还设置了各种各样的兴趣课，例如音乐、绘画、舞蹈等。这些课程可以帮助学生发现自己的兴趣和爱好，帮助学生建立终生的优势。所以培养自己的兴趣吧！

每个人都有自己的兴趣和优势，明白是一回事，可能没有坚持自己的兴趣又是另一回事。女孩，应该坚持自己的兴趣。首先要确立自己的兴趣所在并找到自己的优势，你可以从自己的关注点、从自我成长的历程、从他人对自己的评价中，发现自己的兴趣和优势。这一过程并不困难，困难的是对自己能力的肯定和对兴趣的坚持。即使这可能会受到同学及他人的嘲笑，在这一过程中，女孩也需要父母给予一定的支持，他们的信任和认同将会是对女孩最大的鼓励。

梦想是兴趣的升华，梦想的实现需要兴趣引导和有效行动力的促成。亲爱的女孩，从现在开始，让我们用自己的兴趣装点生活，假如你喜欢跳舞，就要坚持练习；假如你喜欢绘画，就从一张纸、一支笔开始吧！这个过程并非都是快乐的，会有枯燥和痛苦。但是，只有经风雨，你才能见彩虹，才能将自己的美丽无限绽放。

多才多艺的女孩永远与众不同

> 一个优秀的女人,往往不会将自己局限在某个领域里,她们总是在各个领域里同样出彩。
>
> ——撒切尔夫人

每个女孩都希望自己与众不同,都渴望得到周围人的赞扬和青睐。事实证明,那些有着多样才艺的女孩更容易受到关注,更容易获得肯定。美丽的容貌随着年龄的增长不断衰老,而精湛的才艺却可以染上岁月的光辉。

哈佛女生对参加课外活动非常积极,她们希望能够培养一种才艺,好在同伴面前表演。她们都熟知一句话:"成为一个有魅力的女人,好的课业成绩远远不够!"

写得一手好字,唱得一首好歌,弹得一首好曲,画得一幅佳作,这样的女孩必定有广博的学识和非凡的气质,这样的女孩注定会生活得多姿多彩。多才多艺的女孩经常会成为人群中的焦点,她们绽放自己的美丽,成为他人欣羡的对象。每个女孩都渴望成为万众瞩目的焦点,而多才多艺确实是一条捷径。跳舞、唱歌、弹奏乐器,都算是一种才艺,一个动作、一声高歌、一个弹拨，都是一幅隽永绵长、让人神驰迷醉的动人画面。

○ 哈佛女孩教养手札

女人天生就具有一种灵性，如出水芙蓉般的纯净，似柔风细雨般的温柔。若女人有了才艺，更是达到一种极致的美，妩媚中带有书卷气，娇嗔中也带有了超凡脱俗的灵性。

有才艺的女子，总给人以神秘感。这样的女子，在世人的眼中，必定是墨云秀发、眉如浅黛、杏眼桃腮、气质非凡、落落大方的女子。这样的女子，身上一定有无限的魅力，心中定有广博的学识，为人处世则谦谦有礼、优雅大方。

一个有才艺的女子，更能够诠释女性的魅力，在女性的温柔妩媚中频添了才气，让女人的气质非凡，行为更出众。才艺装点了女人独有的风韵，才艺让女人更受男人的青睐。

当今社会，女性的知识和能力，已经和男人不相上下。女性已经从封建社会的牢笼中走出，女性的才艺也更多样。而拥有才艺的女性，更能够让生活增光添彩。

现代社会对女性的要求越来越多，不仅仅是过去女性应该具备的素质——"礼仪、持家、女红、厨艺"，还要有现代的品位，现代人所需要的才艺。不仅是男人，而且女人也深谙其理。有才艺的女性，会让家充满更多的温馨，会让生活拥有更多的亮点。柴米油盐平淡了的生活，会在才艺女人的调解之下，变得轻松有味，生活处处皆是诗情画意。

如果你是能用小刀和剪子剪出各种各样窗花的女性，生活处处就被你打扮得喜瑞祥和；如果你是会用面粉、鸡蛋和白糖制成松软可口蛋糕的女性，每天的餐桌上，就一定有一阵阵惊喜、一声声夸赞、一次次兴奋；如果你是会把旧物重新装饰变成一件精美的室内装饰的女性，生活的废旧品也添新意，家中充盈着温馨浪漫；如果你是能歌善舞的女性，那不论是聚会还是闲时，都能余音绕梁，舞姿优美，增加了生活的喜悦；如果你是慧眼识珠、能够选购面料优良衣服的女性，不管是家人还是自己的衣物，都是整洁大方，一切都是美的……太多的如果，不管怎样的假设，这样的女性就是有才艺的，这样的女性，让生活充满了更多的惊喜，让生活多了新鲜和兴奋点，让生活更加完美浪漫。

而没有才艺的女孩，人们很难把她和灵动、气质等美好的词语联系起来；没有才艺的女孩，也难免会和"平庸"为伍。

即便这样，在实际生活中，忽略对女孩才艺培养的家庭却不在少数。本来是个聪明可爱的女孩，但是因为自己没有才艺，在集体举行文艺活动的时候，她就开始向后退。当女孩面对这样的情境总是退缩的时候，这个女孩会成为什么样子？越来越自卑。当女孩一次一次对着别人的光环自卑的时候，这个女孩也就失去了挑战困难的勇气，更没有了追求成功的动力。

也正是从这个意义上说，对女孩才艺的培养实在是培养女孩的重要一课。

亚投行掌门人金立群的女儿金刻羽 14 岁时获得纽约哈瑞斯曼高中全额奖学金,只身一人赴美求学,3 年后获得哈佛大学全额奖学金。她从哈佛本科毕业后,又继续在本校攻读了经济学博士。金立群曾说,他的夫人对女儿的教育倾注了很大的心血,在教育方式上,他们一直提倡并采取开放式的教育,尽量让女儿去探索,去发现适合她自己的事业。从小时候起,为她创造良好的学习氛围,培养她学习的兴趣,而不是逼她死读书。在家的时候,金立群夫妇还经常和女儿一起读书,讨论各种问题,并在学习之外,培养她多方面的兴趣和爱好,弹钢琴、吹黑管、游泳、溜冰、打网球等都是她课余时间的爱好,她在音乐方面的修养还令美国老师深为赞赏。

华裔选美小皇后崔晴晴在美国南加州妙龄小姐选拔赛中一人就独揽了模特、才艺、表演、精神等八个单项奖,但崔晴晴

的妈妈从未想过把女儿培养成一个选美皇后。她只是和许许多多其他父母一样,在生活中的点点滴滴中,身体力行地告诉孩子什么是应该做的,什么是不应该做的。像很多孩子一样,晴晴小的时候特别喜欢看动画片,连吃饭的时候也是一边吃一边看,而且还跟爸爸妈妈抢电视机遥控器。这让晴晴的妈妈意识到了问题的严重性。

崔晴晴的妈妈冯瑾说:"首先从我们家长自己检讨,我先生无奈地说他不吸烟、不喝酒、看一会儿电视也不行,但是为了孩子家长就要以身作则,只要孩子放学在家时,我们大人尽可能不看电视。"正是妈妈严格的管教和以身作则,崔晴晴从小身上的坏毛病就很少。

人们常说"教学相长",冯瑾在教育自己的女儿的过程中,也认识到了自己的不足,她从孩子身上学到了很多东西,也在不断进步。融入当地社会,吸取了西方有益的教育观念。

当然,在女孩教养过程中还要注意,切莫把孩子的艺术潜能简单定位。即使孩子表现出扭扭唱唱或涂涂画画,也不能简单地推断说宝宝的艺术兴趣点就在唱歌或画画上。在孩子的早期发展中,兴趣点有可能是多方面的,因为"儿童的艺术是儿童把握世界的一种方式",是儿童认识世界、表达自我的一种形式。因此,过早地、简单地把孩子的艺术表现定位在某个方面,往往会造成宝宝片面发展,对大多数孩子来说,强烈的某方面的艺术倾向并不很明显。

大多数孩子在早期的艺术表现是多方面的，在发展的不同阶段可能会表现出不同的艺术兴趣，这也正是有的父母常常抱怨自己的孩子一会儿喜欢画画，一会儿又喜欢弹琴的缘故。每个孩子都有自己的艺术兴趣点，针对她的艺术敏感点，相应的创设环境，为孩子艺术发展的潜在可能向现实转化提供条件。

多才多艺并不是体现在艺术成果上，追求成绩和成果对于多才多艺的养成是不利的。不是为了会弹几首曲子，会画几幅画或者过级考证而去学习，这些不仅会阻碍孩子艺术潜能的发展，而且使孩子失去了对艺术的兴趣。发展儿童的艺术潜能，关键在于培养她对审美要素的感受力。可以有意识地创设环境，或带她们到大自然中感受现实生活中的色彩、线条、平衡、对称、节奏、韵律等美的要素。试想，如果没有生动的、活的审美源泉，哪来的艺术灵感。一定要审慎对待孩子的艺术潜能，对孩子艺术潜能的发展切莫盲目跟风，以免孩子的艺术幼芽在尚未绽放的时候就已经枯萎。

保有好奇心，让生活更有情趣

> 人生是要活的，必须活得兴致勃勃，充满好奇心，无论如何也决不要背对着生活。
>
> ——美国第 32 任总统罗斯福的妻子 安娜·罗斯福

哈佛大学教授曾说："有着强烈好奇心的女孩更容易完成自己的梦想，因为好奇心让她充满了勇气和力量。"对世界永远葆有好奇心的女人，是永远不会衰老的女人。她们充满了对生活的热情，她们永远在探索未知的东西，她们往往是更有能力的人。好奇心，让女孩活力四射，让女孩忘却岁月的痕迹，伫立在时尚前端。

有好奇心的女孩，一定是充满了生活热情的女孩，她会自然散发出一股强烈的吸引力。身处她周围的人会不自觉地向她靠近，希望成为她的朋友。有好奇心的女孩，不会冷漠地对待身边的人，她们关心他人的疾苦，希望为他人分担忧愁。有好奇心的女孩，往往更加勇敢，富于冒险精神，这让她们总能发现生活的新鲜感。

很多时候，好奇心是快乐、刺激、惊险的来源，好奇心在

让生活更有情趣的同时,也让你不断成长,变得越发有内涵。要想拒绝平庸的生活、拒绝怯懦的性格、拒绝冷漠的内心,那就做个有好奇心的女孩吧!

○ **哈佛女孩教养手札**

英国哲学家约翰·洛克曾经说过:儿童的好奇心,只是一种追求知识的欲望,所以应该加以鼓励,不只因为它是一种好现象,还因为这是自然给他们预备的一个好工具,为他们去除生来的无知的;他们如果不好问,无知就会使他们变成一种愚蠢无用的动物。

在女孩的生活里充满好奇,女孩在一些千奇百怪的想象里成长着。应该注意保护好而不要扼杀女孩的好奇心。一般来说,女孩周围的一切事物对她来说都是新鲜的、令人激动的东西。在日常生活中,女孩逐渐熟悉了这些东西,了解了它们在生活中应有的状态之后,这些也就不再是她感兴趣的东西了。因此,女孩好奇心的范围在不断扩大,在外界许多事物

的刺激下，好奇心也在不断增强。大人如过于考虑安全问题，而让女孩避开有危险的东西，就等于掐掉了好奇心的幼芽，限制了女孩能力的提升。

所有的父母都希望自己的女儿能够成才，为了给女儿明确努力的方向，他们不惜花钱让女孩上各种各样的培训班，向女孩讲述成功人士的成长经历，希望借此能帮助女孩找到成才之路。但父母或许不知道，可能只是对女孩兴趣和好奇心的一点点不耐烦或批评，就可能改变女孩一生的命运。

一般情况下，女孩总是有很多的问题，因为她们天生就富有丰富的想象力和强烈的好奇心，可惜，许多的爸爸妈妈都会将女孩的好奇心扼杀在萌芽的状态。如果在一个女孩看来，自然界的一切事物都是很平常的事情，对这个世界她没有任何疑问了，可能是因为她从小在问为什么的时候，会被告诉，那些事物本来就是那样的，就这样一直到长大，她就会觉得自己思考问题的角度相当的狭窄，并且目光也不是很长远，所有的问题在她看来答案永远只是一个。

女孩子需要足够的尊重，并且她的一切破坏行为都更应该被重视。总的来说，女孩子不会像男孩子那么顽皮，但是她们偶尔也会出现一些具有破坏力的行为，例如她们有时候也会将家里的一些小物件拆掉，还会自己组装起来，这种行为并不奇怪，这是孩子好奇心的体现。

一个葆有好奇心的女孩，在传递惊艳魅力的同时，也在面对未知时拥有极大的勇气。但也正是这一点，才让她如此美丽。

那么，生活中如何培养女孩的好奇心呢？首先，引导她学会观察生活，发现生活中的美。对美敏感的人，会注意到天空中一朵随意飘来的白云，会看到墙角偶然盛开的一朵小花，总之，她能注意到许多被他人忽视的美，用这些美编织自己的诗意人生。对于这些美，鼓励她可以用画笔、用文字、用照片记录下来，让美充满你的生命！其次，教育女孩对外界多一些关注，勇于解开未知的面纱。在好奇心的驱使下，女孩的潜能是无穷的，学着尝试了解自己并不熟悉的东西，例如花篮是如何编成的、美味的佳肴是如何做成的。

在学习上，在美国课堂，老师们不会将答案简单直接地说出来，而是先抛出一个问题，引发孩子们好奇心，从而引导他们积极思考、动手查资料，通过各种渠道寻找答案，自己则充当一个引导者的角色，给予孩子很多帮助，让孩子主动探索和获取知识。比如，在一堂讲狒狒的特点、生活习性的科学课上，孩子们通过教材课件去了解知识点，老师不会向孩子们讲述狒狒喜欢吃香蕉还是喜欢吃西瓜，而是让孩子们通过自己的理解上台去选择。下课后，美式课堂给孩子留的家庭作业不是复习课堂上的内容，而是选一个自己喜欢的动物，去制作一本介绍动物习性的"小书"。

老师大致规定了要描述动物的几个特点,但对具体的形式并不做规定,孩子的好奇心被极大地调动起来。他们会积极地搜集他所喜欢动物的素材,孩子会将通过家长和电视了解的内容写出来;或者拉着爸爸妈妈去一趟动物园去听讲解;也可以从画报上找到相应内容的剪贴画贴在"书"里,甚至发挥想象力画出动物的样子。孩子的想象力往往超过家长和老师的预期,当一本精美的小书制作完成,呈现在大家眼前,老师还会让孩子站在台上给大家讲述他的"劳动成果"。这个过程中,孩子因好奇心而积极行动努力探索,通过自己辛勤的劳动得到快乐体验,拥有了前所未有的成就感,自信心也会大增。

女孩天生的好奇心,是她们学习、成长的"前提条件",家长应以孩子的视角去看待她们的行为。在呵护孩子成长,保护她们的健康安全之余,给孩子一定的空间去探索,给予她们鼓励和支持,激发她们的想象力和创造力,感受到"成功"的力量。"好奇心"让女孩更快乐,让她终身受益!

站姿优雅，坐相端庄

> 生命是短暂的，尽管如此，人们还是有时间讲究礼仪。
> ——哈佛学子 爱献生

仪态举止体现着女人的内在修养，也反映她的审美趣味。它是反映现代人涵养的一面镜子。哈佛学子都深知，高雅的谈吐和举止会使你的人生更加成功，所以，他们也时刻要求自己注重仪态举止。女孩要有意识地锻炼自己，养成良好的行为姿态，做到举止端庄、优雅懂礼。

仪态是优雅、自然、生动的姿态和动作，是风度、气质的表现，是一种美的形体语言。毫无疑问，你的仪态就是你的一部分。它无时无刻、无声无息、如影随形地表达着你自己。端庄、大方的站姿、坐相，自信的走路姿态、优美的手势语言，都能使你的仪态礼仪，成为气质与风度的典范！

○ 哈佛女孩教养手札

美的站姿是所有仪态的基础。如果一个女孩站在面前，让人感觉到她具有一种别样的女性阴柔、端庄的气质，而这种阴柔和端庄的气质又超越了女性的外表局限，散发着清水芙蓉的美、诗一样的美，那么，这个女子是优雅迷人的，仅仅欣赏她的站姿就是一种享受。

好的站姿对女性来说是很重要的。站，不仅仅是一个人最基本的姿态，而且也是女人优美举止的基础。只有站好了，才能体现出一种优美典雅的气质，就像维纳斯，不用任何语言，就能给人一种说不出的美感。优雅的举止或动作的基本功在于姿势，学会优雅的站姿更是成为优雅美女的基础。

女孩要在日常生活中从小养成良好的站姿习惯。站姿的基本要领是：头要正，不东倒西歪；双目平视，切莫俯视斜看；嘴唇微闭，下颌微收，面部平和自然；双肩放松，稍向下沉，身体有向上的感觉，呼吸自然；双臂自然下垂于体侧，手指自然弯曲；腿要并拢立直，膝、两脚跟靠紧，脚尖分开呈60度，身体重心放在两脚中间。

要体现挺拔的美感，就得尽量挺直躯干，且收腹、挺胸、立腰。竖看要有直立感，即以鼻子为中线的人体应大体成直线；正面看要有开阔感，即肢体及身段应给人以舒展的感觉；侧面看要有垂直感，即从

耳至脚踝骨应大体成直线。

　　当然，在不同的场合又有不同的要求。譬如在职场中，肃立时要身体直立，双手置于身体两侧，双腿自然并拢，脚跟靠紧，脚掌分开呈V字形；直立时双臂下垂置于腹部，右手要搭握在左手四指，左手四指指尖不要露出。两脚可平行靠紧，也可前后略微错开。还要注意的是，在这种正式的场所，千万不要将手插入裤袋或交叉在胸前，更不能有下意识的小动作，如摆弄衣角、咬手指甲等，这样不仅有失仪态的庄重，而且给人的印象是缺乏自信和经验。

　　正确站姿不仅让你倍感自信，更能赢得他人的尊重。仪态与自信是你在人群中脱颖而出的关键，优雅的姿态能给人留下深刻美好的第一印象。要拥有自信的外表，最简单的方法就是抬头挺胸收腹。问题是一般人不习惯费劲吃力地整天保持这样的姿势。我们习惯驼背站立，因为这样比较舒服，另外多半也是因为缺乏自信心，不想引人注目。要知道，双肩向后靠，抬头挺胸收腹的动作可以马上显露出你的自信与优雅，尤其是在派对上。首先，此举让你看起来身材更高挑，人也更有气质；其次，它能让你整体造型更显魅力。当你驼背时，人们的关注焦点是你的不自在与害羞，而忽略了你的美丽；最后，抬头挺胸收腹能帮助你从内到外展现自信与风采，这样的你大家都会想认识的。

你会发现,当提醒他人不要驼背时,被提醒的人经常会不由自主地把胸部与腹部凸出来,人们误以为这样就是抬头挺胸。正确的姿势是在双肩向后靠的同时也把腹部收起来。开始练习时会有点不习惯,不过你会慢慢适应的,同时这也是打造腹肌的好方法。假如你工作太忙没时间做运动,可以尝试反复收腹的动作,在帮助你塑造平坦小腹的同时,也培养了正确的站姿。"亭亭玉立"的女人总能给人无限遐想,高洁如荷,骄傲如梅。在一个人没有开口说话的时候,站姿便表现了她内在的精神。

对于女孩来说,端庄、优雅、舒适的坐姿也很重要,是优雅女孩绝不能忽视的。落座后要端庄稳重,文静优美,轻柔和缓。坐姿,让女孩看上去更有吸引力。优美的坐姿可使女孩稳重端庄、落落大方。

懒散地"畏缩"在椅子里等不当坐姿易造成肩背部肌肉劳损,产生肩背疼痛或僵硬等不适症状,并影响睡眠。人的正常坐姿应做到"坐端正""坐如钟",在背后没有任何依靠时,上身挺直稍向前倾,关节平正,两臂贴身自然下垂,两手随意放在自己腿上,两脚间距与肩宽大致相等,两脚自然着地。在正式社交场合,即使背后有依靠,也不能随意把头向后倾靠,以免显得懒散。坐端正,将两腿要闭合,左手放于左腿,右手自然放于左手之上。

优美坐姿的要领。面带微笑,双目平视,嘴唇微闭,微收下颌。立腰、挺胸、上身自然挺直。双肩平正放松、两臂自然弯曲放在膝上，亦可放在椅子或沙发扶手上，掌心朝下。双膝自然并拢，双腿正放或侧放，双脚并拢或交叠。谈话时，可以有所侧重，此时上体与腿同时转向一侧。正确的坐姿与正确的站姿一样，关键在于腰。不论怎么坐，腰部始终应该挺直，放松上身，保持端正的姿势。

  在社交场合中，坐姿要与场合、环境相适应。在别人面前落座时，一定要遵守律己敬人的基本规定，不要双腿叉开过大、架腿、双腿直伸出去放在桌椅上、抖腿等常见的禁忌。

餐桌上的礼仪更要讲

> 礼节上要举止自然才显得高贵，假如表现过于做作，那就失去了应有的价值，因为举止言谈优美本身就包括自然和纯真。
>
> ——培根

餐饮礼仪源远流长，它反映了一个地区、一个民族乃至一个国家的文化。人类学家、美国科学院院士、哈佛大学教授张光直曾言"达到一个文化核心的最佳途径之一就是通过它的肚子"。通过"吃"可以反映不同民族的社会生活样式和文化取向，可以看出一个民族的礼仪传统，而礼仪传统正是文化的一个表现方面。"吃"已经成了一种重要的社交手段、一种精致的文化现象。

女人在餐桌上的礼仪可以反映她的修养和气质，在餐桌上最能观察一个人是否有涵养，尤其是一群人围坐一起吃饭时，很多细节都是少不了要注意到的，不然就会给人留下一个"没有修养"的坏印象。所以，女生吃饭时要注意自己的行为。

不同国家不同民族由于地域差异，其餐桌礼仪和风俗习惯

也千差万别。了解和尊重不同民族的文化，掌握不同文化背景下人们的餐桌礼仪，对于提高你的自身修养以及增进跨文化交际有着重要的意义。

○ **哈佛女孩教养手札**

要成为一个气质高雅的女性，除了合宜的穿着打扮、得体的举止之外，在用餐时一些餐桌上的礼仪也能展现淑女风范。在用餐过程中的每一个细小动作，都反映了每个人的教养。

从进门、用餐到结束，每一个环节都有必须注意的地方，虽然有些烦琐但也不至于太困难，只要利用机会练习，就可以轻轻松松当一个气质美女。

如果是以主人的身份举办宴会，则男女主人应该分别坐在长餐桌的中间、面对面而坐。身为女主人的你要逐一邀请所有宾客入座，而关于邀请入座的顺序方面，先安排入座的应该是贵宾的女伴，位置在男主人的右手边，贵宾则坐在女主人的右手边。

如果没有特别的主客之分，除非有长辈在场，必须礼让他们，否则女士们可以大方地先行入座，一个有礼貌的绅士也应该等女生坐定之后，再行入座。

有服务生或男伴代为拉开座椅那当然是最方便的，但如果需要自己动手，就要注意避免发出刮地板的声音。

外出用餐时，女孩子免不了会随身携带包，这时候应该将包放在背部与椅背间，而不是随便放在餐桌上或地上。坐定之后要维持端正坐姿，但也不必僵硬得像个木头人，并且注意与餐桌保持适当的距离。

遇到需要中途离席时，跟同桌的人招呼一声是绝对必要的，而男士也应该起身表示礼貌，如离开的是隔座的长辈或女士，还须帮忙拖拉座位。

用餐完毕之后，必须等男女主人离席后，其他的人才能开始离座。

有关餐巾的使用问题，必须等大家都坐定之后，才可开始使用。餐巾摊开后，应该摊平放在大腿上，千万不要放进领口，三岁小孩这样做或许很可爱，但成熟女士这样做就有点不太好了。

另外，餐巾的主要功能是防止食物弄脏衣服，以及擦掉嘴唇与手的油渍，请不要在忘记带面纸的情况下，拿来擦鼻子，因为这样既不卫生也不优雅。

有些人或许会担心餐具的卫生问题，因而用餐巾来擦拭餐具，其实这是很不礼貌的举动，会造成餐厅或主人的难堪。用餐完毕之后，应该将餐巾折好，置放在餐桌上再离开。

餐桌上的这些规矩，都是从小便应该熟知的，它就像音乐或艺术，是一种非语言的交流方式。掌握这种技能，就犹如女孩子瞬间拥有了好的歌喉或神奇的画笔，无论是在金发碧眼的国度，还是在我们古典的东方国家，都可以顺利与人交往。文明的礼仪，就像是万能通行证，能帮女孩走得更高、更远。

美国一位叫鲍尔的老师说："文明礼貌对个人事业的成功极有帮助。大的商业交易或爱情往往是从餐桌上开始。"

在美国，人们常常把礼仪教育看作是品德教育的入门课，他们认为理想的楷模就是英式的绅士。美国儿童的礼仪教育始于餐桌，美国家庭素有"把餐桌当成课堂"的传统。从孩子上餐桌的第一天起，家长就开始对他进行了有形或无形的"进餐教育"，帮助孩子学会良好的进餐礼仪。当孩子长到一定年龄的时候，父母最常做的事情就是鼓励孩子自己进餐，孩子长到1周岁半时，开始自己用汤勺喝汤吃菜。绝大多数美国家长认为，孩子想自己进食，标志着一种"人格独立"，完全应给予积极鼓励。

在进餐时，小孩学习的第一课礼仪教育就是要杜绝偏食、挑食。偏食、挑食的坏习惯多是孩子时期家长迁就造成的，因此，家长应特别重视孩子期的偏食、挑食这个问题。餐桌上对孩子的迁就，不仅会影响孩子摄入全面、充分的营养，而且还会使孩子养成任性、自私、难以控制等人见人厌的性格。更为重要的是，偏食、挑食行为和这些性格，是人际关系中最缺乏礼貌的表现。

美国孩子一般2岁时就开始系统学习用餐礼仪，4岁时就学到用餐的所有礼仪；稍大一些，5岁左右的孩子都乐于做一些餐前摆好餐具、餐后收拾餐具等力所能及的杂事。这一方面可以减轻家长的负担，另一方面也让孩子有一种家庭中的参与感，对于礼仪教育来说，这更使他们学到了一些接待客人的餐桌礼。

对于幼童，在一餐一饭的日常生活中培养礼仪，并不仅仅是这些规矩本身，而是通过这些细小的行为方式，告诉他们一种与人、与世界相处的模式，并通过这些获得自信和他人的尊重。英女王皇室家庭总管亚历山德拉梅塞维（Alexandra Messervy）女士这样诠释礼仪——拥有好的礼仪的全部目的，是为了建立自信，因为它可以使其他人感到舒服、自然。

同样，对于女孩子餐桌礼仪的教育和培养，也并非一个粗鲁的命令和强加式过程，而是在尊重她们，为她们着想的基础上，让她们从懵懂的模仿，到能体会出其中的美好真谛。让她们感受到吃饭是一个享受愉悦的过程。那些懂得享受用餐乐趣的孩子总能在举手投足间恰到好处，而缺乏用餐礼仪的小孩更多时候不知道他们会怎样在餐桌前表现，为何总在这种时候被父母教训？更不知道他们究竟该用什么样的态度去对待食物或周围环境？

女孩子懂得餐桌礼仪的目的，不是在外出吃饭时做给别人看，也不是在家里拿着游标卡尺规范餐桌上的一言一行。餐桌礼仪不是桎梏，不是戴着脚镣舞蹈，而是灰姑娘的水晶鞋，里面装的是孩子最天真美好的部分连同她们古灵精怪的热情，用最自然最舒服的方式展现出她们闪闪发亮的一面。

教养要合乎道理，这是非常重要的事。烦琐而不得要领的教养，是最差的。教给孩子之前，自己要深谙其中的道理。即使像不能抖腿斜眼、筷子不能插在米饭上、不能敲盘子敲碗这些要求，虽然尽可以大喝一声"少废话，这就是老祖宗留下的规矩！"但其实，这一切也是和社会文化与心理学之间有着扯不完的关联和典故的。

被好好尊重和礼貌对待的小孩，才会以同样的礼貌待人。同样，在日常生活中不被随意打扰的孩子，才能够懂得安静和专心。从儿童心理学上讲，专注力是幼儿发展的第一要素，成人过多指令和频繁的干扰会阻碍专注力的发展；不能懂得他们内心的需求，错误的教育手法和无效的沟通方式，都会让孩子因为无路可走而变得焦躁，他们除了以发脾气和搞破坏的方式发泄或引起关注外，别无他法。

人的生活品位随着他的成长形成，之后一般不会发生大的改变，即使经由有意识的熏陶和训练似乎也收效甚微。如今迅速成长的中产阶级父母会格外看重下一代的教养养成，希望他们的孩子可以在餐桌上举止优雅，在社交场合待人接物彬彬有礼，成长为社会中的"新贵族"。但这一切又不能着急，比如我们讨论的餐桌礼仪，说白了，实际上都是日常的教养，它们并不独立存在，也不会像餐巾布一样，只短暂地展示于餐桌之上，而是整个家庭生活水平、成员教育程度和教养综合熏陶的呈现。

因而，餐桌礼仪的培养，不应该仅限于在餐桌之上。一言一行具体的身教，胜于空洞乏味的言传。就像简单的"请、谢谢、对不起"，每个成年人都会教给孩子，但小孩更直观地感受到的不是这些词汇的应用，而是父母对待服务人员的态度；为他人着想是一个宽泛的概念，在降低了嗓门、打喷嚏知道遮住嘴巴后，在餐桌上是否会倾听配合别人的谈话，则是潜移默化中教养的体现。筷子、刀、叉的使用方法可以通过严格的管教来传授，但吃相中的贪相和贫相则是细微之处的流露。

令人愉悦的谈吐皆在细节

> 在造就一个有教养的人的教育中,有一种训练是必不可少的,那就是,优美而文雅的谈吐。
>
> ——哈佛校长 伊力特

哈佛大学前任校长伊力特说过:"在造就一个有教养的人的教育中,有一种训练是必不可少的,那就是,优美而文雅的谈吐。"

日常生活中大部分的摩擦冲突都起因于恼人的声音、语调以及不良的谈吐习惯。细察身边的人就会发现,谈吐的缺陷可能导致个人事业的不幸或损及所服务机构的荣誉与利益,可能导致父子不和、夫妻离异乃至人际关系的紧张恶化。一个人的谈吐如何,决定企业是否愿意聘请他工作、与之交往,或是否愿意投他信任一票与之发生商业关系。

善于说话的人,不但能使不相识的人见了他们产生良好的印象,并且能广结人缘,到处受欢迎。许多人说话的本领不很高明,是因为他们不曾把谈话当作一门艺术,不曾在这门艺术上下过功夫。他们不肯多读书,不肯多思考。他们说话,宁肯随便用粗俗的语句,而不肯"三思"而后言,将自己的意思用文雅、优美的语言表达出来。

说话讲究措辞文雅,态度自然,同时还要使你的语气富于同情,细节处处显示你的善意。唯有充满温暖的同情的话语,才能够引起他人的共鸣。假使你的话是冷淡而寡情的,那是引不起他人注意的。

○ 哈佛女孩教养手札

优雅而令人愉悦的谈吐,可以增进人与人之间相互了解,可以助人成功。因为透过一个人的谈吐、举止、行为往往可以看出这个人的修养水平,但许多女孩都没有意识到这一点,她们大多过于重视美丽的外表,却忽视了言谈举止细节的重要性。

女性所具有的优雅、令人愉悦的谈吐是学问修养、聪明才智的流露,是气质的来源之一。谈吐不但指言谈的内容,而且包括言谈的方式、姿态、表情、速度、声调等细节。与人交谈,既有思想的交流,又有感情上的沟通,语言的贫乏、枯燥无味、粗俗浅薄都会使人感到厌恶,而谈吐既有知识、趣味,又能用丰富的表情和优美的声音来表达,那将会达到意想不到的效果。

良好的谈吐有赖于后天的培养。女性的言谈举止与性格有密切关系,而一个人的性格受很多因素影响,日常生活中多加注意细节和练习。平常说话有很多口头"敬语",我们可以用来表示对人尊重之意。比如你和人相见,互道"你好",这再容易不过。可别小瞧这些"敬语",它传递了丰富的信息,表示尊重、亲切和友情,显示你懂礼貌、有教养、有风度。

富兰克林在自传中有这样一段话:"我在约束自己言行,这使我日趋成熟,日趋合乎情理。我曾经有一张言行约束检查表。当初那张表上只列着十二项美德,后来,有一位朋友告诉我,我有些骄傲,这种骄傲经常在谈话中表现出来,使人觉得盛气凌人。于是,我立刻注意到这位友人给我的忠告,并且相信这样足以影响我的发展前途。随后我在表上特别列上虚心一项,以专门注意我所说的话。现在,我竭力避免一切直接触犯或伤害别人情感的话,甚至禁止使用一切确定的词句,如'当然''一定'等,而用'也许''我想'来代替。"我们与人说话,要想收到"心有灵犀一点通"的效果,就要理解人们的合理需要,爱护人们的自尊心,要做到这一点,我们在谈话的时候就要经常注意"转换角度",即善于"站到对方的立场上,从对方的观点来观察问题,如同用你自己的观点一样"。

培养优雅而令人愉悦的谈吐,与人说话时要自己放松心情,保持自己的既有特点,而不要矫揉造作。除了亲切的语气、得体的言辞、落落大方的态度以外,还要有动听的声音。即使你的谈话内容很平淡,但女性优美动人的嗓音,对听者来说也是一种享受。其次,与人交往时,目光要坦然、亲切,要能把自己的想法和感受通过点头、微笑、手势、神情、体态等方式做出积极的反映。再次,说话时要尽量保持语调沉稳、舒缓,这样会使对方觉得你待人真诚,也容易收到较好的效果。

现代社会高度重视社交,优雅而令人愉悦的谈吐则是社交中最重要的制胜因素,它代表精神、睿智和学识修养,能让人增长智慧,使人生过得快活,拥有良好的谈吐,你就能在现代社交活动中,跟他人进行充分的交流和有效的沟通,以增进了解,沟通感情,最终达到互助合作的目的。

一个女人的外在人格魅力很大程度上体现在举止方面。在交谈时,无论是说还是听,都应注视对方。否则,会给人"心不在焉"之感。谈话不仅要注意自己的语气和用词,还要注意自己的眼神,因为"眼睛也是会说话的"。有的女性在听陌生人讲话时,眼睛总是东张西望,不习惯注视对方,这样的做法是不礼貌的。如果对方在讲话时,你的眼神游离不定,左顾右盼,他可能会认为你对他的说话不屑一顾。较为保守的女性直视对方的眼睛可能会觉得害羞胆怯。其实,直视人的眼睛是一种很重要的说话技巧，这是一种无声的语言，意在告诉对方："我对你的说话很感兴趣。"直视对方的眼睛应坦诚自然，微含笑意。

谈吐是艺术，语言能够袒露心灵，女人并不一定要有倾城倾国的天生丽质，而谈吐间流露出的智慧、学识、包容、谦和和理解就有足够的力量征服世界，和优雅的女人交流应该是美好的听觉大餐和心灵盛宴。

优雅的谈吐，离不开良好的文化素养，更离不开健康的心理素质。一个心理素质不好的人不可能有很好的沟通能力。优雅的女人要做到在沟通中认真倾听，谦让对方，即让对方优先于自己来表达，这绝非弱者的表现，而恰恰是宽厚自信的流露。一个人表示对另一个人的尊重，最主要的表现就是能全神贯注地倾听。这是一种从内心渗透出的高贵、淡定的修养和气质，是外在的修养和内在的自信浑然一体的表现。

当然，优雅的人即使忍不住要打断他人冗长的、全无主题的、只关乎自身兴趣的絮絮叨叨，也会是巧妙委婉的。优雅的倾听方式是保持全身心投入，上身微向前探，眼睛紧密注视，头部随对方讲述的情节不断点头，表情的喜怒哀乐随对方叙述的情节而有所变化。不要在他人说话时眼睛看别处，或在思考自己下一步说什么。倾听他人时，你要做到此时好像全世界唯有一件事情最重要：你正在倾听的人所言说的内容。

人们在沟通中不仅需要对接情感，还需要信息的对接以达到沟通的有效结果。在沟通中，"听对"比"说对"更重要，不认真地倾听，特别是在别人认真地向你诉说一件事情，而此时的你却三心二意，答非所问，对对方传达的信息毫无适当的反应，不但不雅，更是暴露自己对他人的不重视。在交谈中，理解对方的意思后，应加以肯定或补充；如不解，则应在适当的时候以适当的方式提出疑问。当不同意对方时，可以用含蓄的方法阐述自己的看法，但在讨论到一定程度，双方争执不下时，要懂得以巧妙的方式而软着陆放弃，不能一味坚持水落石出，弄清黑白。因为优雅的女人懂得，在对方固执己见时，坚持辩论下去会让对方有失面子。事实上在日常的辩论中没有赢家。赢了面子，丢了朋友。

第三章

哈佛女孩独立人格：
不要让女孩做温室花朵，要做风雨玫瑰

每一个女孩子都是一朵花，含苞待放。散发着与生俱来的独特芬芳，一颦一笑尽是与众不同。时光教给她们精进与智慧，她们能够做得更好的就是努力吸收营养，按照自己的节奏和方式不断成长，悄悄地等待最美好的时光，不为取悦他人，而是告诉他人，每个女孩都有独一无二的美，来到世间，就要绽放自己的光彩！

坚持己见,敢于说出自己的想法

> 人要忠于自己,不要老是顾虑别人的想法,或总是要取悦他人。生命的可贵之处就在于按自己的想法生活,做你自己。
>
> ——哈佛格言

善解人意是女孩的天性,可是过于善解人意,则容易过于关注他人的想法,因顾虑他人而忽略了自己的感受和真实想法。

能够站在他人立场理解他人,换位思考,尊重他人的想法和意见固然重要,但更重要的是要遵从自己的内心,有自己的主见,而不人云亦云。尤其是对于女孩而言,拥有自己的想法和主见的女孩,温柔而不软弱,尊重而不盲从。

一个哈佛教授曾说:"能进入哈佛的人肯定都是有主见的人。"我们都知道,哈佛培养了40多位诺贝尔奖获得者,培养了8位美国总统及数以万计的社会精英,分析每一位成功人士的特点,不难发现他们都是那些做事有主见的人,他们敢于说出自己的观点,并且能够通过自己的表述,去征服、赢得别人的理解与支持。

由于每个人所处的社会环境不同,对同一件事情可能会有不同的认识,正是这不同的认识,具体到每一个个体的身上,就是他们自己的观点。有自己认识事物的方法,有自己考虑问题的思维方式,才能形成符合自身认识的思想。思想独立,才是一个人独立的前提,坚持己见,敢于说出自己的想法是一个成功人士必备的基础品质。

随着社会文明的进步,越来越多的女孩追求独立自主的人生,对人生拥有自己的见解和看法,这是将人生活出色彩的基本要素。

○ **哈佛女孩教养手札**

主见犹如黑暗夜晚中的照明灯,可照亮你前进的道路。从哈佛大学走出来的优秀女性代表无一不是独立、自信、有主见的女性,她们相信自己的眼光和实力,相信自己的判断,她们善于在徘徊中冷静思索,善于在黑暗中发现光明。悦人不如悦己,女孩更应该有主见,而且要敢于说出自己的想法,千万不能人云亦云,被别人的想法牵着鼻子走,那样的结果只会是一事无成。

哈佛的教授们曾经做过这样一个实验,让相互不认识的人组成几个小组,随意闲聊,然后就发现,过一段时间,每个小组里都会出现一个核心人物,其他人会围绕他的话题或者意见进行讨论。是这些人天生就具有领袖气质吗?答案是否定的，任何优秀的品质都可以在后天的成长中养成，培养有主见的孩子，让他敢于表达自己的观点，需要从生活中的点点滴滴做起。

获得哈佛大学硕士学位和博士学位的保罗·萨缪尔森说过："提出自己的见解，胆量比智慧更重要。"因为有时智慧会让人犹豫不决，而胆量会促使你勇敢地迈出第一步。在现实中，我们许多人面对选择时总是不敢做决定，害怕选择失误。如果这样，那就试着多听听别人的意见，参考别人对这件事情的客观全面的分析。当然，并不是说遇到事情就要依赖别人，如果那样，碰到反对就开始想要放弃，久而久之，就会变成一个没有主见、受别人意见摆布的人。

在一般人的印象之中，女孩一般都是柔弱而无主见的，习惯于听从他人的看法。这样的结果，只会使女孩千篇一律，没有什么特色。要想做一个有魅力的女孩，你就应该用自己的大脑思考，仔细分析，该果断拒绝时就果断拒绝，勇敢坚持自我。坚持己见的女孩不会轻易羡慕他人所拥有的。在日常生活中，很多女孩看到别人精美的笔记本或是漂亮的衣裳，就忘了自己拥有的，还要吵着去买新的。别人买什么，自己也买什么；别人做什么，自己也做什么，毫无主见。其实，你应该仔细想一想，那件东西是不是你所需要的，是否有必要买。女孩一般都是柔弱而无主见的，习惯于听从他人的看法。这样的结果，只会使每一个女孩都千篇一律，没有什么特色。要想做一个有魅力的女孩，你就应该用自己的大脑思考，仔细分析，该果断拒绝时就果断拒绝，勇敢坚持自我。

在生活中女孩需要被给予充分的权利，表达自己的意愿，自主选择，培养自己拿主意的能力。当你觉得自己是对的，即使面对反对的声浪，也要勇敢一点，坚守自己的想法，做一个有主见的女孩。

心理学家分析认为，女人感情往往胜过理智，对待友情、事业、婚姻亦如是，其实这是阻碍女人发展的致命弱点。就感情来说，有些女人从一开始就把自己摆到一个乞求感情乞求幸福的位置上，悲剧的根源就这样产生了：一个失掉了自我，寄附在别人身上的人，别人怎么看重？

主见就是一种积极的人生态度、独立自信的人格、宽容豁达的胸怀、坚韧不拔的品质、追求事业的执着；对家人的关爱；

对自己充满信心。

女孩有主见了，就不会不经大脑，人云亦云，跟从别人一起说闲话。就不会跟别人一样流露出"红眼病"的情绪，说出讥讽和诽谤的语言。更不会像街头大妈大嫂一般，无事生非，闲话漫天飞。

当然，女孩有主见绝对不意味着她是孤家寡人，孤芳自赏，坚持错误，听不进别人的意见。恰好相反，坚持主见就是虚心听取、接受正确的意见，有则改之，无则加勉。

有主见的女孩，知道给自己一个空间，有追求，自信并永远努力进取，周身散发着超然优雅的气质，有水般的温柔，面对紧张激烈的场面，以柔克刚，将剑拔弩张的争斗消弭于无形。有主见的女孩能善待别人，宽容别人，从而赢得真挚的友情和关爱；女孩有主见不盲目地听信别人的言论，碰到挫折勇于面对。敢于逆水行舟，不惧怕别人的嘲讽，坚持个人的主见，毅然决然地走自己的路。

和"随便"说再见吧，和"附和"说再见吧！做个有主见的女孩，要勇于说出自己的想法，要敢于活出自己的人生。有主见的人不会轻易改变自己的看法，也不会随便放弃自己的梦想。有主见的人办事、学习效率更高，更容易成功！

独立于天地间,不做只会寄生的"菟丝花"

> 世界上最坚强的人就是独立的人。
>
> ——易卜生

哈佛在录取学生的时候非常重视学子的独立能力。美国总统肯尼迪是哈佛大学的骄傲,在哈佛还有以他名字命名的肯尼迪政治学院。肯尼迪之所以能够成为美国总统,很大一部分受益于他从小就树立的独立意识,凡事都要亲自去做一做。

自强自立是人生的一个基本出发点,依靠自己的努力去收获属于自己的成功,本身就是一个成长和奋斗的过程。女孩千万不能失去自己的"主干",变成攀附和依赖的菟丝花,人生不能寄托在他人身上。

○ 哈佛女孩教养手札

哈佛大学校训要求每一位学生都养成独立自主的习惯,只有独立自主的人才能够主动获取知识,形成优秀而独特的人格。

在西方教育的自立意识中,他们尊重个人价值、个人尊严。他们相信每个人都有价值,都应该按照其本人的意愿和表现来对待和衡量。在家庭里,再小的孩子也应该和大人一样受到尊重。成年后,他们可以对自己的人生按自己的意愿做出选择,并对自己的任何生活遭遇负起责任。在这种自立意识环境下成长起来的孩子,对生活有着更坚强的掌控能力,固然他们会因为自己的年轻莽撞而犯下错误,然而他们也同样会因为自由和激情而尽享青春。他们在这个过程中享受成长的快乐,并逐步走向成熟。在他们的意识中,能够依靠自己的能力生存是最值得骄傲的事情。他们并不以攀比父母的财势和地位来获得自己的存在感,在他们看来,那是不能够自立自强的无能表现。

在美国,"独立自主"是青少年教育的"传统",在这种教育理念的培育下,青少年自立自强意识都比较强。他们没有依靠父母的意识,更没有"啃老"的观念,甚至他们不能接受那些无法自立自主,需要依靠他人生存的人。如果他们大学毕业找不到工作,他们宁愿降低自己的标准以解决自己的生存问题,也决不向父母伸手。

现实生活中,很多女孩还深陷在父母和家庭庇护的港湾里,做着美好的公主梦,甚至有的人出国留学还要父母陪读，连基本的生活自理能力都没有。然而，父母不能伴我们终生，而且他们也应该拥有属于他们自己的人生，总有一天，当他们老去，需要我们的臂膀为他们遮风挡雨，那时，如果我们没有能力替他们撑起一片天，如何还能保证父母和我们自己的美好生活。

当然，也有女孩会想，我们可以寻找一位比自己更优秀的伴侣，我没有的条件，可以由对方来弥补。然而，夫妻关系从根本上来讲，也是一种合作关系，好的爱情应该是给双方带来益处，如果其中一方无法独立，只能成为对方的负累。在和谐美好的关系中，双方应该是平等的。我想这不仅适用于感情，同样也适用于工作，以及朋友之间的交往。想保持一段关系长久，双方必然应该相互尊重。否则，处于弱势者难免在心中积聚着怨气，终有一日会爆发。如果有一天伴侣离开，那么至少你应该有一些属于自己的东西，因为自己的东西是不会离开的。

所以，优秀的女孩应该是自我独立的。无论是依靠父母，还是依靠另一半，他们都可能有离开的那一天。在那样的情况下，至少应该有一些东西能够让自己好好地生活下去，否则他们的离开也许会把自己推向崩溃的境地。

动物世界中曾有过这样一个片段：森林里生活着一群狮子，每一个母狮子都对自己的孩子关爱有加，但是当幼狮逐渐长大，母狮就会有意地培养幼狮的独立生存能力。幼狮才刚学会走路，母狮就会让它去掌握生命中最重要，也是必须掌握的一项本领——觅食。每每这时，不管幼狮苦苦哀求，还是哀哀啼叫，母狮就是狠下心肠，不但不给它一点食物，还狠心地将它赶出门外。这时的幼狮终于明白：依赖父母是行不通的，只有靠自己才能获得食物。于是，幼狮便鼓足勇气、坚强地爬起来，一步一步走向丛林深处，最终学会了生存。

女孩的独立，并不是一定要依靠自己过上富裕的生活，而是至少能够维持自己的生计，保持自我意志的独立，这样，不管对方爱与不爱，在与不在，我们都能够保持一颗平常心。

内心充满安全感的女孩儿，才是淡定的、从容的。才能够在一段关系中保持不卑不亢，不依赖不远离，进有自己的分寸，退有自己的底线，这样的女孩儿身上总会散发出令人钦佩又着迷的气质。

女孩，你没有想象中的那么娇气

> 受苦是考验，是磨炼，是咬紧牙关挖掉自己心灵上的污点。
>
> ——巴金

娇气，也就是"意志脆弱、不能吃苦、习惯于享受"。在一些年轻女孩中，是常有的现象。她们不相信奋斗；乐于安稳，受不了颠沛；沉浸于享乐，不勇于打拼。当然，这不应该成为一个健康女孩的常态，如果女孩们觉着理所当然，那么，今后的道路上肯定要吃苦头的。

哈佛教授经常在课堂上告诫学生们：年轻人成长成才，首先要"戒娇"。"戒娇"，不一定要卧薪尝胆，但要锤炼坚毅的品格，练就过硬的本领，敢于面对挫折，矢志艰苦奋斗。在任何时代，艰苦奋斗，都能打下坚实的根基。娇气，换不来同情，换不来爱护，换不来宽容。年轻就有机会，年轻需要奋斗。唯有"戒娇"，才能把命运掌握在自己手里。

○ **哈佛女孩教养手札**

从心理学的角度看，女孩娇气主要指她意志比较薄弱，一遇到困难或者不顺心就会情绪低落，严重者还会止步不前。很多独生女孩怕苦怕累，经不起别人的批评，习惯于坐享其成。

独生女孩太娇气，已经成为一种比较普遍的现象，主要表现为：女孩生活上娇气，吃饭挑食，虚荣心过强，学习用品等非名牌不用，身体有一点不舒服就请假在家，不上体育课等；学习上娇气，女孩做作业没有耐心，缺乏独立思考能力，让父母做助手，成绩不好把责任推卸给父母或者老师；劳动上娇气，好吃懒做，一干家务就嫌脏嫌累，讨价还价；只爱听好话，受到表扬就得意忘形，受到批评就情绪低落，甚至强词夺理，无理取闹……

女孩娇气，或许的确有些客观的原因，如女孩天生胆小、腼腆，对陌生的环境有一种与生俱来的恐惧，容易任性等，这些性格在某种程度上导致女孩比男孩更容易形成娇气的个性。

女孩太娇气，长大后会形成好吃懒做的习惯，生活很难自理，容易缺乏自信心，对她的学习、生活都没好处。我们知道，女孩太娇气，很大程度上和父母不良的教育方式有关。劳动是"治娇"的一个行之有效的方法。女孩要多做一些家务劳动，或做一些力所能及的公益劳动，持之以恒。这样不仅可以纠正女孩自身的娇气，还能培养动手能力，学会感恩。

此外，坚持跑步和爬山也是很有效的方法，女孩坚持做这两件事，不仅可以锻炼身体，而且对意志的磨炼也非常有帮助。

对于外部环境，女孩有自己的理解，也逐渐形成了自己的处理方式。有些事情会引起女孩的焦虑或者恐慌，以前的哭泣留下了对情绪的记忆，因此按照以往的经验，女孩会用哭泣来表达自己的情感。随着年龄的增大，渐渐地，她们随着认识的增多，就会逐渐增强自己对行为的控制能力，娇气的情况就会有所改善。

公主天生并不娇气，女孩无论在什么环境下都要做强者，不娇气、不软弱，学会如何面对困难、面对危险，养成坚强的品质。

女孩们要勇敢一些，你们没有想象中的那么娇气。没有尝过苦难的滋味，就不能更好地成长。当苦难来临，只要敢于乘风破浪，只要懂得阳光总在风雨后，在苦难中学会坚持，遭受的痛苦越深，随后的喜悦也会越大。苦难是上帝的礼物，它会成就卓越的人生。

女孩要温柔,但不能脆弱

> 女性,温柔的女性,当强烈的感情激起你的勇气,你还有什么不敢做的?
>
> ——罗伯特·骚塞

温柔的女孩通常心思敏捷、玲珑剔透、善解人意。她们与人相处时,总表现出一种恰到好处的柔媚,也就是我们常说的"女人味"。

这种温柔不是矫揉造作,也不是放弃尊严哗众取宠。温柔中也要保留自己的个性魅力,恰如其分地展示自己对人的一种尊重、理解、宽容,以及体贴。

因此,女孩既要用温柔衬托出自己的"女人味",也不能丧失了自我。温柔不是怯懦和软弱,要保持自己的独立,女孩必须要有独立的人格和尊严。一个有魅力的女孩懂得温柔而不脆弱,温顺却又会保持自我。

○ **哈佛女孩教养手札**

人人都会有遇到困难的事,这些困难却又会给我们很好的磨炼,经过磨炼女孩走向成熟,学会自立。易卜生先生曾经说过:

"世界上最坚强的人就是独立的人。"

没有自立能力的人总比有自立能力的人吃亏。因为他们习惯于依赖他人，完完全全失去主见，处事不能当机立断，没勇气和自信把握时机，让千载难逢的好机会白白流失，何来成功？只有自立的人凭着出来闯一番的胆量，才攀上胜利的顶峰，看见山那边的海！

坚强的女人不仅要坚强而且还要有女人味！而现在激烈的竞争，让女人不得不坚强，匆匆忙忙、言出必行、做事果断，让很多男人都汗颜，但是恰好缺少心灵深处的真诚和沉静。女人是水做的，要保留一份独有的晶莹和温柔，可以使自己更加美丽。

受到挫折的女孩一直用"坚强"两个字来激励自己，甚至坚强得歇斯底里，忘记了自己的温柔的一面。单就可爱女孩的气质而论，在坚强的另一面，同时又留住那千种娇媚、万般风情，谁又能忍心拒绝呢？

要明白，作为女孩，你尽可以潇洒、聪慧、坚强、干练、足智多谋，但千万不要让坚强与职业习惯抽干了你的温柔，也抽干了你的女人味。温柔，是作为女儿、妻子、母亲不可缺少的一种基本的特征，而许许多多的关心、爱、体贴、宽容、友好都是从"温柔"这两个字中渗透出来的。

温柔也是一种强大的力量，让仇恨、冤屈、愤怒等不良情绪都融化掉；在温柔面前，所有的利益、嚣张、争吵与斤斤计较都消失殆尽；温柔就像一场了无声息的春雨，让紧张的气氛得到缓解，无奈的生活得到舒缓，让干枯的心灵得到滋润。

温柔是女孩特有的武器，是女孩最能打动人的地方。女孩温柔的时候也就是最可爱、最美丽的时候，那种温柔就像是一只温暖的小手划过心房，让人感受到一种放松、一种归属、一种美。温柔不是美丽与坚强甚至成就所能替代的，但温柔不是娇滴滴、嗲声嗲气，也不是生硬的表演，而是一种发自内心的情感释放，是用心才能感受到的美丽。

在日常生活中，女孩要坚强独立，要知道，温柔是一定要的，但是温柔却不能脆弱，坚强也是一定要的，适度地撒娇呢喃也许会让你受益匪浅。比方在工作中有个人攻克不了，那么女孩的温柔就派上用场了，没有人能拒绝善意的友好。那么，坚强着的女孩，请温柔起来；温柔着的女孩，请坚强起来；抓住坚强与温柔，那将是一个最富有时代气息的女强人！

女孩，努力做一个温柔的人，真心地善待一切，但也不要脆弱地任人欺负，我们不是懦者。努力保护自己不被伤害，哪怕是一丁点儿的伤害。女孩，最主要的还是要自己珍惜自己，因为没有人比你还要了解自己。女孩要温柔，但绝对不能脆弱，刚柔并济，才能收获自己想要的幸福。

你若不勇敢，没人替你坚强

> 我认为克服恐惧最好的办法理应是：面对内心所恐惧的事情，勇往直前地去做，直到成功为止。
>
> ——哈佛校友 罗斯福

哈佛大学一位女性学研究博士说："女孩，当你觉得自己一无所有时，不要气馁。你可以选择勇敢，勇敢面对现实，勇敢争取幸福。"永远不要因为害怕改变，而闭塞自己、限制自己、禁锢自己，因为勇敢的女孩最美丽。

女人不是弱者，女人也有不屈的灵魂，女人也有无畏的勇气，女人也可以是勇攀高峰的强者。哈佛大学一位女性学研究博士说："女人往往在最意想不到的时刻展现坚强的灵魂，女人有时比男人更勇敢。"

○ 哈佛女孩教养手札

女孩在成长过程中，最容易被父母和亲人过度保护，危险的事不能尝试，艰苦的事业不能选择……这样的女孩儿长大后往往谨小慎微，优柔寡断，面对困难容易逃避，依赖他人，没有独立面对的勇气。

这是一种遗憾。

不只是在哈佛，从知识到能力的教育内容来讲，全世界的教育都是没有性别区分的。生存的能力、内心的建设、精神的成长，女孩和男孩需要同样的历练，因为他们终将面对同一个世界。

事实上，真正的教育应该正视性别优势而取长补短，要知道，天生柔弱的女孩却有着比男子更为坚毅的韧性，如水随形的力量，反而能够承载起即将远航的帆船。女孩的坚强，如水载舟，如细雨滋润大地，如冰雪覆盖山川，如春风催生万物。水遇阻而变形，雨遇土而渗入，冰雪遇岩而随形，春风过而万物生，这样的柔软，其实是一种所向披靡的坚强。

所以，不用怀疑，当你勇敢起来，你也许要比那些勇猛的男孩更加坚强。

生活中，人们常常称赞那些勇敢克服困难、临危不惧的孩子，大人们也常常希望自己的孩子是个勇敢无畏的人，谁都不想让自己的孩子成为胆小怕事者。很多人认为只要坚强大胆、不畏艰险、迎难而上，就是勇敢。事实并非如此，大多数时候，那些看起来勇敢大胆的行为，实则是鲁莽之举。

真正的勇敢并不等于鲁莽，二者虽有胆量大这个共同之处，但勇敢者是冷静的，他能机智、细心地应对挑战，处理问题；鲁莽者则是胆大妄为，举止轻率，虽不惧艰险，却缺少思维和理智的判断，意气用事，最后只能事倍功半甚至使问题更严重。

而女孩天生谨慎的优势恰恰能够帮助她们杜绝鲁莽行为，成为真正的勇敢者，在困难与危险面前更多权衡，做出让自己和他人有最大收获的勇敢之举。

人的一生，有许多事情是无法向他人言说的。

你的快乐，他人未必全能理解；你的伤痛，他人也未必全能感受。每个人都是独立的个体，即使人与人之间可以架起沟通心灵的桥梁，但总有些区域是他人到达不了的地方。有些苦我们必须自己尝，有些事我们必须自己扛。要知道，正是那些无人到达的角落，是你与他人的区别之处，使你成为你自己。

有一段话说得好，当你对自己微笑时，世上没烦事能纠缠你；当你对自己有诚意时，世上没人能欺骗你。活在别人的掌声中，最易迷失自己；处在别人的关爱中，最易弱化自己。敢于面对困境的人，生命因此坚强。

记得有位哲学家说："磨难，苦难，挣扎，这是成长的过程。"只有练就健康的心理素质，才能够面对困难，勇于挣扎，跨过生活的沼泽地，到达成长的彼岸。勇敢地面对困难，实际上是成长过程中不可缺少的一种营养，你要学会拥抱困难，在克服困难中成长，在克服困难中腾飞！

人的一生会经历许多痛苦和挫折，成长的过程本来就是一个不断摔倒再爬起来的过程。每一个女孩都可以从挫折中学到许多的知识、得到新的经验和更大的勇气,这就是女孩们战胜挫折取得的丰厚的战利品。

坚强的女孩,如同风雨过后披挂着水珠的玫瑰花,那种经风雨洗练出来的气质,令人敬佩,惹人怜爱。所以,亲爱的女孩,不管当下的你有没有人爱,都要努力做一个可爱的人,不埋怨,不嘲笑,也不羡慕,在阳光下灿烂,在风雨中奔跑。

如若你不勇敢,又有谁能替你坚强!

努力面对，做生活的强者

> 想象你自己对困难做出的反应，不是逃避或绕开它们，而是面对它们，同它们打交道，以一种进取的和明智的方式同它们奋斗。
>
> ——马克斯威尔·马尔兹

哈佛大学教授说："一个坚强的女孩，是勇敢且睿智的！"没有完美的生活，对于生活中的挫折，我们所能做的就是坚强面对：面对贫困窘迫的现状，面对劳动的艰辛，面对失去挚爱的伤痛……女孩，要做生活的强者。也许你曾被现实狠狠打倒在地，也许你曾伤心绝望地哭泣，但你要有站起来回击现实的勇气和力量。

○ 哈佛女孩教养手札

世间万物都是一分为二的，有其利必有其弊。十全十美的事情是不可能存在的。人们常说："金无足赤，人无完人。"当你遇到遗憾和失败时，重要的是看自己怎么去面对和接受这个现实，而不是低头叹息任由意志消沉。要走好人生的每一步，必须要有坚强的意志，脚踏实地的精神。即使前方道路是泥泞的、崎岖的，充满着危机；尽管你战战兢兢地向前走，也不可能避免偶尔会摔上一跤，甚至也会摔得头破血流。但只要你能勇敢地爬起来，重新站起来，继续地往前走，最终胜利总是属于你的。

人生的道路是漫长的，如果你只会一味地感伤失去，那么你将一无所有，只有有能力去享受失去的"乐趣"的人，才能真正品尝到人生的幸福。让自己承受失去的东西，也许你会感到很痛苦，那也要自己去承受，别人是代替不了你的。伤和痛是有的，这就证明你已经长大了，成熟了。失去的时候，你可以哭，可以发泄，可以找朋友倾诉，那之后，继续让你的世界充满阳光。生活中，我们既要享受收获的喜悦，也要享受"失去"的乐趣，失去是一种痛苦，也是一种幸福，因为失去的同时你也在得到。失去了太阳，你可以欣赏到满天的繁星；失去了绿色，你可以得到丰硕的金秋；失去了青春岁月，你走进了成熟的人生。别因为失去了而感到遗憾，勇敢地去面对，做生活的强者。

竞争给你宝贵的经验，无论你多么出色，总会人外有人。所以你需要学会谦虚。努力胜过别人，能使自己更深入地认识自己；努力胜过别人，便在生活中加入了竞争。不管在哪里，都要参与竞争，而且总要满怀快乐的心情。明白超越别人远没有超越自己更重要。

做生活的强者,不必总想着比别人强,你的幸福不在别人眼里,你的幸福就是你自己的感觉,能让自己幸福的人是聪明女人,能让身边人幸福的人是智慧女人,能让儿女幸福的人是成功的女人,不断战胜自己的人就是生活的强者。

每个女孩都想成为幸运儿,享受幸福的生活、温暖的亲情和甜蜜的爱情。然而,没有人可以将世间的幸运全部占有,人们总是会得到的同时失去什么。面对生活的不完美,人们不免慨叹一句"生活对于每个人都是不容易的"!经得住生活的考验,培养独立的品质和习惯才可以让你立于不败之地。女孩,要相信自己可以撑起半边天,可以拥有梦想的生活,也可以和男孩平分秋色。

亲爱的女孩,你要做生活的强者,成为一个乐观自信、不畏艰难、勇往直前、积极进取的人。要以实力打造属于自己的生活圈子,凭借自身优势,不断改善生活环境,拓宽生活领域,向着美好的、更高的生活境界迈进,充实自己,完成人生理想,把幸福生活装点的更加优美而丰富多彩,为美好人生奠定基石,成为幸福生活的主人。

一个坚强勇敢的女孩应该知道经历失败是痛苦的,但是,不去努力争取成功,却更为糟糕。失败并不可怕,可怕的是不敢正视失败,生命的真谛在于奋斗,在于坚持不懈的追求,在于失败后的又一轮拼搏,真正的强者,不是在失败中诅咒成功者，也不是怨天尤人，而是努力面对失败，反思自己，发掘自己内蕴的宝藏，总结经验教训卷土重来争取下一次的成功。虽然在失败中流过泪，伤过心，但之后擦干眼泪，更加发奋，去拼搏，争取更大的胜利。

在生活中，女孩更要学着坚强地面对失败。人生的道路上，谁都有可能跌倒，但要勇敢地站起来。经历了摔打，经历了风险，才能在前行的路上潇洒地驰骋。所以说：女孩，要做生活的强者，即使被现实狠狠打倒在地，也要有站起来回击的勇气和力量。在前进的道路上没有谁是一帆风顺的，而一个人在逆境中的表现往往决定了他的人生走向。面对逆境，有的人努力奋争，百折不挠；有的人却心怀恐惧，向命运举手投降。不同的态度导致了不同的人生结局：要么勇敢地到达理想的彼岸，要么缩手缩脚地永远碌碌无为。所以，女孩们，做铿锵玫瑰，以坚强的性格谱写今后漫长的人生吧！

女孩，开启你的理性思维

> 理性为感情所掌握，如同一个软弱的人落在泼辣的妇人手中。
>
> ——萨迪

女孩的天性是感性的，男孩的天性是理性的，这是人们的普遍认知。

曾有很多心理学和社会学专家对此进行了多种多样的问卷调查。结果显示，女性更喜欢凭借直觉判断问题的是非，甚至从中获得近期的经验和预感。而男性喜欢凭借逻辑推理思考问题，虽然因此常常失去眼前的机会，但也常常因此把握更为长远的思维路径与人生价值。男性和女性的这种差异，曾经被无数的心理学家和社会学家的各种各样的问卷调查证实过。

一位资深的电影导演说："除了真正笨拙的女演员外，大多数女演员在演出悲剧时都无须借助眼药水。"这句话充分地证明了女性的特征，当她们模仿悲剧情绪时，多能收放自如地表现出来，内心戏的发挥和眼泪的制造，可以说是女性的拿手本领。

为什么？因为女人最容易感慨、悲伤，而且情绪说来就来，随叫随到。

所以，我们都知道，女孩的感性思维让她们爱幻想，易冲动，感情用事，过于相信直觉，当女性的感性将理性淹没时，我们会看到她们可以为爱义无反顾，付出所有，飞蛾扑火。所以，我们在女孩的感性中，能够看到她们的可爱、温柔。

然而，这种感性思维如果没有理性思维的控制，则容易失去分寸，演变成为任性。尤其是在爱情中，女孩适度的任性可以被视为撒娇，而过度的任性则表现出心态的不成熟。要知道，在两个人的相处中，最宝贵的其实不是爱情，而是包容和体谅。两个人走到一起，如果互相计较谁愿意对谁让步，谁肯哄着谁，动不动就发脾气，说狠话，一不高兴就分手，就是太缺乏承担责任和坚守感情的那种成熟。不成熟的心态也就很难有成熟的感情，不成熟的感情就像小孩子过家家一样，高兴了就一起什么都好，不高兴了就翻脸，这样的任性无法应付平淡长久的生活，也必然无法成就圆满的感情。

因此，无论是

感情还是工作，生活由不得她们总是任性而为。它需要在感性的天性之外，通过学习、经验进行自我充实，拥有更多的理性思维，帮助女孩丈量生活的尺度。柏拉图曾说："理性，是灵魂中最高贵的因素。也可以说，这是离智慧最近的一种品质。"理性思维能够让我们在人生最关键的时刻，保持清醒的头脑。女孩大多数相信自己的感觉，但是很多时候感觉并不可靠。让感性与理性思维相互作用，才有可能让女孩看清眼前的路，在许多事情上，做出最佳的选择。

○ **哈佛女孩教养手札**

理性思维并不等同于冷静思维，虽然冷静思维是理性思维的前提。有的人发表言论时是很冷静的，也尽其所能进行了各方面的思考，这样就认为自己的言论是理性的，但其实并不一定，甚至完全不是，因为理性思维是有一些原则的，在不掌握原则的情况下的冷静思维，其实可能就是不理性的。

一旦感性思维占主导地位，那么人的智商就起不到什么作用了。我们有时能看到智商高的人也会被人骗得团团转，天资聪颖的女研究生也会被一个其貌不扬的只有初中学历的男人骗得分不清东南西北。

女人的感性思维一旦被调动起来，代表着理性思维的智商就近乎于 0 了。所谓智商为 0，就是指理性思维处于未激活和未活动状态。感性思维是女孩的敌人，会让她们选择性失明，会让她们失去正常的判断力,也影响她们对梦想的追求。旁观者清,是因为旁观者不受你的情绪控制,他们会运用理性思维;而当局者迷,是因为你受某些情感和情绪影响,使用的却是感性思维。

情感需求一旦被调动起来,在感性思维的作用下,人就会变得没有选择或者只剩下有限的选择。

当然人也需要提醒,感性思维只是理性判断力的敌人。一个具有理性判断力的人,也应当明白感性思维作为人类情感的需要,你应当去驾驭感性思维,而不是让感性思维驾驭我们。

从心理学角度看,当机体的生理需要与客观现实产生强烈抵触时,人就会出现劣性情绪,或恐惧,或愤怒,或绝望等。缺乏理智的人往往无法驾驭、不能控制自己的情绪,进而难以约束自己的行为,直到出现不理智的举动。

当代美国著名的认知心理学家阿尔伯特·埃利斯提出了一个由几个步骤组成的情绪理性化疗法,即引导当事人运用合乎逻辑的理性思维,加上正面的自我交谈,来降低应激反应和消除负面情绪。作为家长可以在学习和生活中适当引用,以培养女孩的理性思维能力。

情绪理性化疗法的第一个步骤是找出引起应激反应的应激源。

第二个步骤是分析出哪些是对应激源的非理性认识,也就是对事物的不合理评价。对于孩子学习或生活中的胜负输赢，应该以冷静的、理性的态度重新评价。"胜败乃兵家常事"，输赢也是情理之中的事。

第三个步骤是认识到所有不利于健康和事情解决的心理、精神、行为，都是由于那些非理性思维所引起的。

第四个步骤，是整个疗法中最关键的一步，当事人必须运用理性的思维方式来消除和代替原来非理性的思维方式。这就需要父母在教育孩子的过程中加以引导。

第五个步骤是当事人需要观察自己的情绪状态是否转为正常。倘若效果不明显，那么当事人必须回到第一个步骤重新开始，直至第四个步骤，检讨哪些心理思维仍然停留在非理性思维阶段，经过重复纠正后，将应激反应降低到最低程度。

日常生活中总会遇到各种各样的事情，或忧或喜，重要的是当人的生理需要与客观事物发生矛盾冲突而出现种种恶劣情绪时，如果能通过自己的认知活动，及时调整自己的情绪，对自己的身心健康乃至处理好各种事情是有裨益的。

养成理性思维的习惯并不能保证一定成功，但至少可减少女孩上当的机会，避免盲目的希望和愚昧的举动，并有助于她们正确地了解世界、人生和自己。

信念是用来坚持的

> 如果一个人有足够的信念,他就能创造奇迹。
> ——温塞特

在哈佛,一句名言广为流传:"在信念面前,任何困难和挑战都是手下败将。"

美国总统艾森豪威尔曾经说过,要成功,你必须要有强烈的成功欲望,就像一个溺水的人有强烈的求生欲望,一个优秀的足球前锋有强烈的射门意识一样。

很多时候,信念的高度就决定人生的高度,成功者之所以成功,是因为他们总是以积极的信念支配和控制自己的人生,战胜自己的缺陷,而失败者却恰恰相反。

生活里不能缺少信念,一个拥有信念的人总能在成功的道路上走得更长久!

有什么样的信念,就有什么样的人生。

○ 哈佛女孩教养手札

一个没有信念,或者不坚持信念的人,只能平庸地过一生;而一个坚持自己信念的人,永远也不会被困难击倒。因为信念的力量是惊人的,它可以改变恶劣的现状,形成令人难以置信的圆满结局。

有一年,一支英国探险队进入了撒哈拉沙漠的某个地区,在茫茫的沙海里负重跋涉,阳光下,漫天飞舞的风沙像炒红的铁砂一般,扑打着探险队员的面孔。口渴似炙,心急如焚——大家的水都没有了。这时,探险队长拿出一只水壶,说:"这里还有一壶水。但穿越沙漠前,谁也不能喝。"一壶水,成了穿越沙漠的信念源泉,成了求生的寄托。一壶水的存在使队员们濒临绝望的脸上,又显露出坚定的神色。终于,探险队顽强地走出了沙漠,挣脱了死神之手,大家喜极而泣。但当用颤抖的手拧开了那壶支撑他们精神和信念的水的时候,缓缓流出来的却是满满的一壶沙子!大家惊呆了,简直不敢相信自己的眼睛,一壶充满信念的沙子竟然让他们战胜了死神。正是信念的力量,使人们的精神有了寄托,行动有了意义,也使生命体燃烧出勇气和希望。

在这个世界上,信念这东西任何人都可以免费获得,但要特别珍惜它,因为即使是成功的人没有它也都会一事无成。想成功的人,千万不要左顾右盼,更不可经常往后看。要始终抱定信念、坚持信念,因为信念是所有奇迹的出发点。

比尔·盖茨,一个闻名世界的名字,他创造了微软,成为《时代》周刊50名网络精英第一名,被英国《星期日泰晤士报》

评为最有权力的人物之一，被《福布斯》评为2010年全球最具影响力人物第十名。这一切成功，也许都与他那个要当沙漠上的一棵橡树的信念密不可分。

信念是每个人与生俱来的，不管你自信或是自卑，贫穷或是富有，平凡或是出名，不管如何，它都伴于每个人左右，深藏于每个人的心底深处。

有人曾经说过："当你能飞的时候就不要放弃飞，当你能梦的时候就不要放弃梦，当你能爱的时候就不要放弃爱。身为女人，更是要坚定自己的信念，不要让旧思想束缚自己，用'弱女子'来给自己定位。在当今这个新时代，女人占据了半边天，有信念的女人才可爱！"

只有拥有信念，人生的叶子才不会枯黄，女人也应该做生活的强者，要有坚定的信念。不要对自己说"我不行""我不能""我做不到""不可能"，这些词只会出现在蠢人的字典里。女人，应该拥有信念，同样应该放飞信念的翅膀，在自己在理想的天空中翱翔！用自己的努力，谱写一首信念的赞歌！

真正聪明的女人，不会只追求倾国的容颜和众人追逐的虚荣。当一切的浮华淡去，只有信念才能指引人们前行。女人，更应重视信念的力量！

女人的信念是什么？天助者，自助也。别人皆不信时自己仍坚信。唯有这样的人，才能改写自己的命运！信念犹如照亮人们前行之路的灯塔,是生命焕发光芒的不竭力量。在这个男女平等的社会里,女人更希望能够和男人取得平等的发展机会。女人更应追求如铿锵玫瑰一般自信和动人,有名人说过:"信念是支撑女人最重要的东西,信念一倒,一切都会崩塌。"

　　信念不是上帝缔造的,也不是神灵赋予的,它是在生活中不断追求、不断积累而形成的。每个女人都希望花容月貌、倾国倾城,希望自己拥有一个温馨的家庭,希望自己有一份令人羡慕的职业。女人天生就是爱做梦的,她们幻想着自己生活得怎样美好,怎样没有风浪和坎坷。可是,天不遂人愿,每个人的一生都不可能是一帆风顺的。很多女人,在生活中都曾遇到这样或那样的困难,又有很多人在困难面前选择了屈服。只有真正智慧的女人,才会无畏地同困难斗争,因为有一个不屈的信念在支持着她们。她们相信,风雨总会过去,人生本是多彩的!这样的女人,不以物喜,不以己悲,用一种最真最纯的信念支撑着自己和家人前进的路,最终在人生的试卷上,交出满意的答卷。既然活着,就要活出点名堂,活出点光彩,活出点豪气!女人要活出人格的光辉,唯有以信念作支撑。激情创造奇迹,激情源于信念。信念不倒,别人就打不倒你。没有信念,精神力量就已涣散,如被蝼蚁损坏的巨堤,若有风浪来,自然就坍塌了!

女人的美丽多情,不仅源于外在超凡脱俗,还要有一个富有爱和理想的精神世界。这源于信念的支撑,只有将信念坚持到底,女人才能焕发异彩!纪伯伦曾经说过:"愿望是半个生命,淡漠是半个死亡。美好的梦想使心灵充实,使生活多姿多彩……"女人更是如此。

生命可以因为一个坚定的信念而改变。似乎这个世界上对好女人的要求很严格,但是,拥有信念,并将信念进行到底,用信念指引生命的走向,这才是一个智慧的女人,一个有修养的气质女人。

信念是人内心燃烧着的一团永不熄灭的火焰,它能够让人在身处逆境时也能扬起前进的风帆,在遭遇不幸时,也能召唤起努力活下去的勇气。它是一种无坚不摧的力量,是撑起人生成功的精神支柱。

一个有信念的女孩,是自信的、顽强的、有毅力的,她不会一击即败、一蹶不振,也不会半途而废,不思进取。她总是充满激情和干劲儿,最终会给你一个惊喜。

第四章
哈佛女孩阳光心态：
让女孩的心中洒满阳光

心内充满阳光的女孩乐观、自信，总能让人感到平淡但不平庸，宁静里也透着活力，心与思想都会沉浸在飞跃之中。有了这样一颗有追求的心，人永远是青春的，心永远都充满活力。

做个心内洒满阳光的女孩，绽放自己阳光般的风采。自信、乐观、坚强、豁达，有千般柔美的女性的自爱，更有豁达明理的男儿的自强。这样才活得简单，但同样也会拥有无穷的乐趣；这样才活得有品位，即使在平淡中也会孕育着高雅。这样才会活得有生气、有魅力！

爱笑的女孩运气不会差

> 笑是两个人之间最短的距离。
>
> ——维克托·伯盖

哈佛大学常常给学子传达这样一种生活理念:"生活并没有亏欠我们什么,所以没必要总是苦着脸。"是的,我们作为大千世界一个渺小的个体,需要经历的快乐与挫折就如沙漠中的沙粒一般,拥有怎样的生活,并不取决于幸福还是痛苦,而是取决于是选择飞在空中,还是任由自己被掩埋。

所以,乐观积极是哈佛大学培养学子的首要素养。如果不够乐观和积极,哈佛的学子就无法突破一个个学术的难关,无法跨越一道道文明进步的关隘,最终也无法成为各行各业的精英和创造者。他们可能会在遭遇难关时半途而废,在受到阻力时怨愤不前,那么也就没有现在享誉世界的哈佛大学和赫赫有名的哈佛学子了。

不管是经营自己的人生,还是与人交往,常常把灿烂的微笑挂在脸上的人,往往是更容易成功的人,更容易赢得他人喜爱的人。女孩,尤其是爱笑的女孩总是让接近她的人感受到阳光和快乐。因为人们都喜欢待在阳光下，不喜欢生活在阴暗中。

爱笑的女孩儿，运气不会太差，因为她人缘好，当她遇到困难时，她能够积极乐观地面对，也有人愿意给予她鼓励与支持。

○ **哈佛女孩教养手札**

哈佛大学艺术学院教授曾说："我非常喜欢那些能让人产生幸福感的画面，因为画里满满都是微笑！"微笑，不仅仅是一种表情、一种神态，更是一种高尚的情操。女孩，如果学会了微笑，世界便握在了你的手中。

女孩的微笑是世界上最美的风景。微笑的女孩，洋溢着幸福生活的暖暖味道，挥洒着阳光般的明亮心情；微笑的女孩，不用留恋高端化妆品，不必苦苦寻求先进的美容技术，因为她们手中就握着世界上最好的化妆品。记住你是女孩，你要善良，你要让自己在乎的人觉得温暖，爱笑的女孩，运气都不会太差。

从科学上讲，爱笑的女孩不管是生理还是心理，都是健康的。美国华盛顿大学的专家最近披露一项研究结果：爱笑的孩子长大后多较聪明。这是他们在系统地研究了年龄与智慧之间的关系后得出的结论。他们发现，聪明儿童对外界事物发笑的年龄比一般儿童要早，笑的次数也更多。

笑不仅是开启智力之门的一把"金钥匙"，也是一种良好的体育锻炼方式，对促进全身各个系统、各个器官的均衡发展大有裨益。

从人际交往上讲，女孩要懂得对爱她的人微笑。生活中，爱你的人是这么多——老师、同学、父母、朋友，给他们一个微笑，让他们知道你有多好。与朋友发生冲突了，不妨大方地笑一笑，一切便都烟消云散。

亲爱的女孩，对陌生人也要多微笑。出门在外，亲人不在身边，就请善待那些与你擦肩而过的陌生人。一个微笑，或许可以让问路人感到无限亲切；一个微笑，或许可以让迷茫失落的人看到光明；一个微笑，或许可以打消犯罪分子心中的邪念。爱笑的女孩，运气总不会太差。善于微笑的人，必然会用微笑的态度面对生活，用乐观的态度对待遇到的一切困难。如果将微笑的习惯保持下去，将非常有利于今后的人际交往、工作和生活。

所以，微笑吧，微笑着面对一切，你将是这个世界上最美的风景。

开始风雨兼程的今天,是为了抵达花香满径的明天

> 凡事欲其成功,必要付出代价:奋斗。
> ——哈佛学子 爱默生

在哈佛,每个人都怀揣梦想,并为实现自己梦想风雨兼程地奋斗着。哈佛偏爱有梦想的学生,因为只有壮志雄心,才会激励人前进。哈佛人认为梦想甚至比意志力更为重要,因为梦想最能够激发人的创造潜能。

女孩儿尤其爱做梦,女孩儿的梦想也与男孩的梦想有着鲜明的区别。但这并不代表女孩儿不可以拥有远大抱负。拥有自己的梦想,为自己的梦想而奋斗,是每一个人生活在这个世界上的价值和意义所在。

年轻的女孩们,或许也都有无数瑰丽的梦想,但追梦的旅程绝不会一帆风顺。你需要准备长途跋涉的坚定和无悔的决心,勇敢地前行。风雨兼程的今天过后,梦想终会成真。

○ 哈佛女孩教养手札

哈佛教授常常在课堂上对学生说:"没有梦想的人生,是可怕的。"每一天都要持续地去学习新的知识和技能,全力以

赴而非尽力而为来做好每件事情，坚信自己会成为自己梦想的真正主人。用自己的奋斗和努力来实现心中的那个梦，包括家庭的、爱情的、事业的、健康的、快乐的。纵然是经历失败、悲伤、痛苦、受打击、不快乐、至少你一直在朝着梦想前进！将来的某一天，你会明白今天的抉择，并深深地为曾经的自己而感动。

哈佛女孩都明白一个道理，没有人可以替代你去走人生路，也没有人会帮你完成心中的那个美丽的梦想，这一切，都需要你有自己的思想、理念，以及奋斗来兑现！

或许走过了很长很长的路，你的脚板满是血泡，而前方道路依然没有尽头；也或许，你忙了很多很多的事，全身疲乏无力，尚看不到未来。但是，要告诉自己既然选择了前方，就要风雨兼程地走下去。

聪明的女孩儿应该明白：成功就像登山，必须脚踏实地，一步一个脚印。做任何事情都应该踏踏实实、循序渐进，只有这样才能仔细、认真地完成好每一项工作。不管是工作还是生活中，好高骛远、华而不实的坏毛病都会使她离成功越来越远。因为只有在日常的生活中慢慢磨炼自己的情操，逐渐积累丰富的阅历，才能在更富有挑战性的工作面前胸有成竹。

哈佛的校训说：学习这件事不是缺乏时间，而是缺乏努力。也许你认为用努力来定义哈佛精英有些可笑，但哈佛会告诉你，

没有艰辛，便没有收获。今天的你若多享受一刻安逸的生活，明天的你便少了一阶踏上成功的台阶。即便天才，也要付出99%的汗水。

女孩的身体中蕴藏着令男孩都惊讶的韧劲，这种韧劲成就了女孩实现目标不懈努力的意志。通往成功的路上有风有雨，不会一帆风顺，如果碰到点儿困难就退缩，那样也只能与成功背道而驰。美国著名科学家富兰克林认为：人生成败的关键就在于，一个人能否每时每刻持之以恒地追求自己的目标。而"持之以恒地追求自己的目标"，就是坚强意志的行为表现。没有坚持，就不会有最后的成功；没有恒心，愿望就永远无法实现。

女孩子要学会忍耐与坚持，这便等于为自己的成功增加了一个很重的砝码，即脚踏实地的品质和坚不可摧的韧劲。前方虽然是一路风雨，但挡不住你铿锵的步伐，如同险峻的高山挡不住汹涌的波涛，汹涌的波涛也挡不住你前行的意志；就像广阔的晴空挡不住突来的风暴，突来的风暴也挡不住你远行的身影。

如果人生是一场旅行，那么，每个人心中都要有目的地。而旅行就一定会经历风雨，要想达到目标，一定得风雨兼程。女孩要学会在内心坚守一种信念，无论环境和时间如何变化，无论周围的人崇尚什么，要清楚有些信念在自己心中永远是不能改变的，有些底线坚决不能突破，这样的人生才有意义，生活才能安全且问心无愧。

　　成长道路上，我们无可避免地会遇到预料之外的事情。无论是荣辱、得失、成败，一定要学会坦然面对。要有一颗乐观而自信的心，要让自己的心境如一座巍峨的高峰，屹然而立，不随外界环境的改变而有丝毫改变。要知道，生命只是一个过程，无论成败得失、痛苦幸福都会烟消云散，既然不是永恒的，又何必如此在意。要知道，一切都会过去，痛苦与快乐都要学会去面对，去享受。

　　经历过风雨依然骄傲绽放的女孩，有丰富而深沉的底蕴，容颜与身体随着岁月流逝而老去的时候，沉淀在身心中的人生智慧，却将成为女人优雅一生的独特气质。有气质的女孩内心犹如一座百花竞放的花园，内里充实，香气自然飘溢而出。

每朵花都有绽放的理由

> 所有坚韧不拔的努力迟早会取得报酬的。
> ——安格尔

有一种花,生长在悬崖边上,它的叶子与草没有什么太大的分别,和其他的小草一样,它默默地驻守在陡峭的悬崖上,没有人会注意到它们,更没有人欣赏它们。但是它却一直坚持自己是一朵花,它要努力盛开,为此,它比其他的小草更努力地争取阳光,汲取水分,期待自己有朝一日能够盛开。小草们看到它这个样子,很是轻蔑地嘲笑它说:"你本就是一棵小草,何必自欺欺人要开什么花。不要哗众取宠了。"面对这样的嘲讽,这朵花并没有放弃努力,它要绽放出花朵来证明自己,于是它更加努力,不分昼夜地汲取营养。终于,身边的小草开始渐渐可怜它,可是又有些无奈地劝它说:"在这悬崖峭壁之上,即使你是一朵花,也是无人问津,就算是你绽放出花朵,又有什么意义呢?"

那朵小花的回答值得我们深思,它说:"我开花不是为了别人,而是为了我自己。我是一朵花,这是我的使命。我要完成自己的使命,开出美丽的花!"终于,在一个清晨,它开出了美丽的花。纤细的枝干却好似充满力量,微风轻轻吹动美丽的花瓣,空气中弥漫着一股清香。小草惊呆了,却又马上恢复过来,好似这结局在意料之外又在意料之中。正巧有个人登上了山顶,见到傲然挺立于悬崖之上,却从未见过的花,为之吸引,拍下了它的照片。于是乎,许多人慕名而来。这朵花的名字就叫百合。

每一朵花都有理由绽放,每一个女孩儿都能够美丽迷人。不管你生长在多么糟糕的环境,不管他人如何不理解甚至嘲讽于你,都不要忘记自己的使命,是花朵就要绽放,不能自我怀疑,不能沮丧放弃,不能迷失自我,否定自己,就算最初的你像小草一样不起眼儿,也终有一天会赢得赏花人的赞赏。而坚持这一信念的女孩,朝着生命阳光生长的女孩,慢慢培养出了打动人心的气质和力量。

○ **哈佛女孩教养手札**

哈佛告诉她的学子们,一个人最吸引人的气质就是他的自信和乐观,因为这种气质就好像阳光一样不仅照耀了自己,同时也温暖了他人。如果你用心观察生活,就不难发现,那些乐观自信的人总是身边围绕着很多朋友,更容易得到他人的鼓励与支持,获得更多机会。这是为什么呢?

用心理学来解释,是正能量的吸引力法则,你是积极阳光的，那么遇到的人和事也都会朝着积极乐观的方向发展。通俗一点来讲，就是气质的力量，这种自信乐观的气质的力量，这种力量能够振奋人心，让接近他们的人就像走进了一片阳光明媚鲜花盛开的天空下，人生也因此多姿多彩起来。

现实的生活总是充满残缺，大多数人都不可避免地要遇到艰难坎坷的生活境况，选择自怨自艾的人，抱怨自己的出身和家庭，抱怨自己的环境和机会，对生活、对工作、对人生更加消极和悲观。处于这种负能量爆棚的心理状态中时，她的身上真的没有任何气质可言。

相反，我们也常常被一些感人的励志故事所鼓舞，我们清楚地知道，生活并非一帆风顺，每个人都会遭遇各种各样的境遇，甚至有更多人比我们当前的境况还要悲惨，可是他们并没有因此而自暴自弃、怨天尤人，反而更努力，坚定地追求美好生活。著名的残障人士励志演说家尼克胡哲天生没有四肢，这样的人生简直绝望到底。可是谁也没有想到,这个连生活都非常艰难的"小人"会成为世界演讲台上的"巨人"。他在著作《人生不设限》中讲过这样一段话:"人生最可悲的并非失去四肢,而是没有生存的希望及目标!人们经常埋怨什么也做不来,但如果我们只记挂着不曾拥有或欠缺的东西,而不去珍惜所拥有的,那根本就改变不了问题!真正改变命运的,并不是我们的机遇,而是我们的态度。

有时候,你的气质其实就是你的态度。气质本身就是自己带给别人的一种感受,这种感受可以积极向上,阳光温暖,也可以是萎靡不振,抑郁不堪。正如我们想到鲜花,就会联想到阳光雨露、春天和希望,我们同样肯定,阳光般温暖的女孩气质才拥有真正的吸引力。很难想象,一个如花朵般的女孩总是悲观落寞是怎样的一种画面。

美好的事物人们都愿意去接近,去珍惜和爱护。女孩,让我们用阳光的心情照耀自己,用自信乐观的气质去感染他人吧。

丢掉"小家子气"

> 生活中有许多这样的场合：你打算用愤恨去实现的目标，完全可能由宽恕去实现。
>
> —— 西德尼·史密斯

哈佛语录中有这样一段话：被人误解的时候能微微一笑，这是一种素养；受委屈的时候能坦然一笑，这是一种大度；吃亏的时候能开心一笑，这是一种豁达；无奈的时候能达观一笑，这是一种境界；危难的时候能泰然一笑，这是一种大气；被轻视的时候能平静一笑，这是一种自信；失恋的时候能轻轻一笑，这是一种洒脱。

没有度量的人是最缺乏气质的人，为人处世的风格使他不自觉地形成一种排斥力，除了他自己，任何人都被他排斥在外，久而久之，他身边的人也会将他排斥在外。

○ **哈佛女孩教养手札**

女孩要学会摒弃小家子气。只要把心放宽、放大，笑看人生，很多事情的痛苦和不顺都会迎刃而解，承受压力与困苦的能力也会增强。大度的女孩，在生活与工作中都更有魅力。在生活中，特别是感情上，大度会让女孩别有韵味！女孩的小气或许是由细心引起的，因为心思的细腻，所以敏感，所以多疑。只是，有时过分的多疑让人无法忍受，自然朋友们不愿与你交往。大度的女孩，总会给人以快乐，往往也是知足的人、幸福的人。所以女孩们，要做个大气大度的女孩，切不要因生得娇小就把心也变得狭小了！

要做到大气大度就要凡事做到不斤斤计较，心胸要开阔。美国心理专家威廉通过多年的研究证明，斤斤计较的人都是很不幸的人，甚至是多病和短命的，他们90%以上都患有心理疾病。这些人感觉痛苦的时间和深度也比不善于算计的人多了许多倍。

威廉认为，一个太能算计的人，通常也是一个事事计较的人。无论他表面上多么大方，他的内心深处都不会坦然。他们很难得到平衡和满足，因为过多算计引起他对人对事的不满和愤恨。常与别人闹意见，分歧不断，内心充满了冲突。

从心理角度来说，心胸狭窄会破坏人的心理平衡，妨碍交往，当孩子处于生长发育的关键时期，要培养他们胸怀宽广的性格。心胸狭窄的人由于心目中的"自我"过于膨胀，对别人的一些评论，看得太重，与别人的交往中，斤斤计较，放大自我，不会宽容别人。

俗话说："退一步海阔天空"，生活中，我们难免会与别人发生摩擦,当别人不小心踩到自己时,你要心胸开阔一些,摆摆手,说声"没关系",这样不是你害怕别人,而是你的一种风度和境界。当别人弄坏了你的东西,向你道歉时,你坦然地付之一笑。过于精明强悍,事事争强好胜,处处计较得失,活得太累。人生如此短暂,你不要把宝贵的生命浪费在此类小摩擦上,作为一个女孩,要有宽广的胸怀,去做一些有意义的事。

女孩要丢掉小家子气就要站更高一些,扩大自己的视野。有了更宽广的视野,就会忽略生活当中的很多细节和小事;女孩要丢掉小家子气还要努力学习做生活和事业的强者。嫉妒总是和弱者形影相随的,羸弱而不如人,便会生出嫉妒他人之心。女孩应当自尊自强,用自己的努力和能力去证实和展示自己。为什么不能像男人那样也成为一棵大树呢?女孩要学习正确的思维方式,学会宽容别人,学会设身处地替别人思考,遇事情多为别人着想,多关心和帮助他人。还要加强个人修养,主动向优秀的人学习,善于取他人之长补自己之短,培养独立和健全的人格。另外,多参加健康有益的社会活动和文娱活动。

心胸开阔、性格开朗、潇洒大方、温文尔雅的女人,会给人以阳光灿然之美;雍容大度,通情达理、内心安然,淡泊名利的女人,会给人以成熟大气之美;明理豁达、宽宏大量、先人后己、乐于助人的女人，会给人以祥和善良之美。

总之，丢掉小家子气，放宽心胸，善待自己。把心胸放宽，以开阔的心胸、乐观的精神态度接受生活，生活就会给我们以美好。

最美出现在跌倒后站起来的那一刻

> 我的生活每况愈下,但它没有过错,因为我不仅没有跌倒,反而始终斗志昂扬,也就是说,生活中的每一次下降,并没有使我退回到出发点。
>
> ——法国思想家 圣西门

哈佛的一位教授曾经说过:"失败就像是一只欺软怕硬的狗,你越是畏惧它,它越是吓唬你;你越不把他放在眼里,它就越对你表示恭顺。"哈佛人从来不相信失败的眼泪,他们坚信幸运总是会降临在内心强大的人身上。

人生的过程是一样的,跌倒了,爬起来。只是成功者跌倒的次数和爬起来的次数一样,平庸者跌倒的次数比爬起来的次数多了一次而已。最后一次爬起来的人我们叫他成功,最后一次爬不起来,不愿爬起来,丧失坚持毅力的人就叫失败。

○ **哈佛女孩教养手札**

没有人喜欢失败,但它却不可避免地成为我们生活的一部分。然而失败本身的意义、对生活的影响,也完全取决于以什么样的心态面对它。

幼年时，考试不及格是失败，面对不理想的分数，羞愧难当，无地自容，感觉人生最大的失败莫过于此。长大后再回头看，那不过是回忆中的一个碎片，当时觉得无法跨过的人生沟壑，现在看来不过是马路上一块突起的小石头。

可见，失败本身并没有标准的含义，它对人的影响和伤害完全取决于人对它的认识和态度。有的人面对失败时会一蹶不振，陷入失败的泥淖里不再起身；有的人则积极地面对失败，很快地重新踏上征途。显然，我们都喜欢后者——即使跌倒也能够坚强地站起来的人。

相对来说，天生柔弱的女孩的承受能力貌似弱于男孩，而事实上，女性天生带有的韧性往往在关键时刻表现出超乎想象的承受力，这时，从女孩身体里爆发出来的力量与平时柔弱的表现，有一种反差的美感。而这也正是女孩最美丽的时刻。

失败和暂时的挫折有极大的差别，了解两者的不同，才能成功。不因一时的挫折停止尝试的人，永远不会失败。许多人只需要再多支持一分钟，多做一次努力，就能反败为胜。成功招致更大的成功，失败导致更大的失败。企图不劳而获的人，往往一事无成，别人的错误不是你的借口。如果你尽力而为，失败并不可耻。

错误像花园中的杂草，若未及时铲除，就会到处蔓生，而自怜是让人上瘾的麻醉剂。智者注意自己的缺点，一般人吹嘘自己的优点。失败若能将你推出自满的椅子，迫使你做更有用的事情，则是你的一种福气，失败是一种让人承担更大责任的准备。了解自己为何失败，则失败成为你的财富资产。

日常生活中要增添与贮存女孩们面对困境与挫折时的能量，女孩子需要明白，即使自己很平庸，但还是可以很快乐。可以找一些适合的电影看，剧中主角曾经遭受背叛、排挤、误解的伤害，但是，最后总能闯过难关。这些影片可以帮助你在以后碰到同样的困难时，有信心去面对以及学会寻找解决问题的方法。

失败被社会看成是不完美的结果，而非它的本来面目，它是成功路上的阶梯、达成目标过程中的一次学习机会。回顾我

们自己的成长过程，我们从失败中得到的东西不比从成功中来得少，甚至更多。害怕失败的人必然害怕承担风险，害怕面对未知的探索、主张、体验和陌生人。这种恐惧造就了一大批未能实现自己的平庸者和完美主义者。

亲爱的女孩，对自己所犯的错误要持接受和学习的态度，学会思考自己的错误并从中成长。尝试失败也是有价值的，尝试的次数没有上限，如果你投球45次才能投进一个球，那又怎么样？不要去想别人会怎么看待你的连续失败，不断尝试是一种对意志的考验。坚定的意志是自我指引的必要条件。

每一个女孩都是一朵花，都希望在青春年华里绽放最精彩的一面，然而，女孩最美的时刻并不是穿上漂亮的衣裳，而是在跌倒后勇敢站起来的那一刻。这世界上，最富有的人，是跌倒最多的人；最勇敢的人，是每次跌倒再站起来的人；最成功的人，是那些每次跌倒，不但站起来，还坚持走下去的人。他们从不畏惧失败，勇于尝试，并且从中获得更有价值的东西。

攀比，会让你迷失自我

> 生活不是攀比，幸福源自珍惜。
>
> ——哈佛学子 爱默生

哈佛心理学家认为：攀比是一种负面情绪。攀比会让人轻浮急躁，无法正确看待自己。如果不懂得放下，势必会在攀比中迷失自己，从而跌入欲望的深渊。

生活对每一个人都是公平公正的，不会偏袒任何一个人。人生是一个由起点到终点，短暂而漫长的过程，在这个过程中每个人都拥有和承受差不多的喜怒哀乐、爱恨情仇。这既是自然赋予生命的规律，也是生活赋予人生的规律。

不要根据别人的想法来制订自己的追求目标，而应当努力去争取自己觉得最好的东西。这世界上根本没有十全十美的东西，人也是如此，可能在这方面优秀，在那方面平常，这个事实无可辩驳。可是，太多的人喜欢和别人攀比，他们因此给自己带来了许多无端的烦恼。

○ 哈佛女孩教养手札

在哈佛，教授常常提醒学生们说："你不能总望着别人的强项羡慕不已,你自己也有强项,如果你总是拿自己的弱项和别人的强项较劲,那只能是到处碰壁。"

攀比,是生活中常见的现象,如果在攀比中能够发现自己的不足,找到学习的榜样,那真的是件可喜可贺之事,但不当的、盲目的、过度的攀比,会使人心理扭曲。

生活中有太多女孩子喜欢和别人攀比,她们也因此而遗失了自我。要相信,天生我材必有用,安心地享受自己的生活乐趣,才能生活得更好。

攀比心理原因之一是不能自我确定和自我肯定。生活得好与不好,由谁来确定?正确的答案当然由自己的内心体验来确定,体验到需要被满足的感觉,体验到轻松愉快的感觉,那就是好。但是攀比的人的心理是:我体验到的好与满足,不足以使我淡定、愉快,必须让周围的人羡慕我、赞许我、仰慕我,才能使我感到释然。

攀比心理原因之二是嫉妒,忍受不了别人比自己强。社会心理学对嫉妒心理的解释是,一旦个体体验到他人优越于自己的现实,或者未来可能使自己处于劣势时,就会产生嫉妒。嫉妒是一种极想排除或破坏别人优势的心理倾向和感情。也就是说,不能够接受别人比自己强。一样的生命不一样的生活,常让很多人的心中失去平衡。

其实,我们每个人都有别人不具备的长处,也会拥有他人没有的短处。生活的差别无处不在，总希望自己处在比别人好的境地，其实是一种绝对化，或根本不可能达到的目标。

　　克服攀比心理养成独立的好习惯，包括独立的生活习惯、独立的见解和看法、独立的思维模式。增强心理承受能力，学会接受差别，不盲目比较。这样才能够不轻易接受他人的暗示，不过分在意他人的看法，也就不会轻易因他人拥有而自己恰好缺乏的事物而感到挫败。即使在某些方面暂时，甚至是永久地落后于他人，也能够欣然接受。要树立正确的价值观和人生观，学会为他人的成功鼓掌。

　　克服攀比心理还要尊重和强调个人体验，坚持自我。尊重个人体验，是说自己的感受很重要。比如：不管学习还是工作，当自己处于中游，感觉游刃有余，体力适度，心理压力也不大时，但思想上却认为自己要争上游，要超越他人，这时候，不仅身体很疲劳，心理上也感到压力很大，情绪焦虑。此时正确的选择，应当是尊重身体的感受，而不是追随外在思想上的目标和在意他人的看法，所以，接纳自己处在中游水平，不必焦虑。在确定自己的生活方式、工作态度等既不违背道德，也不违反法律的情况下，坚持自我，以自我感受到的愉快、幸福和满足为目标，而不是他人眼里的愉快、幸福和满足。

　　亲爱的女孩，生活在这个世界上，有些事情是可以通过努力去改变，有些事情注定了暂时很难改变，甚至永远也无法改变。

我们都是上帝的宠儿，我们都有自己的不足之处，我们也都有自己优秀的一面，只是有些人发现得早，有些人发现得迟罢了。虽然有些缺陷无法通过努力去改变，但是你可以学会发挥的自己长处，通过努力把你的长处发挥得淋漓尽致，到了那个地步，你想要的光环也会随之而来，我们也会有被人羡慕的时候。

女孩要学会知足，这是一个气质女孩必备的，我们不能总是拿别人的优势来对比我们的缺点，其实生活在这个社会上，每一个人都很不容易，做人不要苛求自己，不要过度、盲目与别人攀比，在这个世界上每个人都是独一无二的，你拥有的东西，别人不一定能够拥有，别人拥有的东西真正属于自己了，也未必会让你过得快乐与幸福，看待生活，不要只看生活的表面。物质并不代表幸福与快乐，外在东西总有一天会失去，只有内在的东西才能永恒，学会去充实自己，多读一本好书，会让你身心放松，豁然开朗、大彻大悟。珍惜自己目前拥有的，合理地去追求并通过努力实现目标。

写下你的优点,珍视自己的价值

> 人最大的不幸,就是他的优良品质有时甚至也会对他无益。正确运用和支配这些优点的艺术常常是经验的最后果实。
>
> ——尚福尔

哈佛课堂上曾经有过这样一幕,教授要求学生们把自己的优点写下来。教授说:"把自己的优点写下来,好让自己从黎明前的黑暗中看到一丝曙光,因为一个人只能从自己的优势,而不是缺点上获得成功。"

每个人都有自己的优点,或大或小。那些觉着自己一无是处的人总是把自己的缺点无限放大,他们是不会有成功的人生的。只有擅于发现自己的优点,加以利用,才能实现自己的价值,才能让生活更有意义。

○ 哈佛女孩教养手札

苏联教育家苏霍姆林斯基说过:"教育的全部诀窍就在于抓住儿童的这种上进心,这种道德上的自勉。要是儿童自己不求上进,不知自勉,任何教育者都不能在他的身上培养出好的品质。可是只有在集体和教师首先看到儿童优点的那些地方，儿童才会产生上进心。"

很多女孩日常学习和生活中都会出现自卑现象，其实这就是不善于发现自己优点，不珍视自己价值的表现。阿尔佛雷德·阿德勒认为，人从一出生就伴随着自卑感，之后需要用一生的时间，去提高自己的技能、优越感和对别人的重要性。卑微也是我们的朋友，卑微里也有不容小觑的力量。

应对自卑有一个好方法，就是不要把目光总停留在缺憾处，应转而注意自己的优点，比如写下自己的优点。不要以为优点都是惊天动地的，诚实果敢、乐于助人、勤劳朴实是优点；早睡早起、衣服洗得干净、脸上常带笑容、睡觉不打呼噜也是优点。

多看自己的优点，不是让你骄傲，是让你树立起信心，也学会懂得欣赏别人。回顾自己的成就，如果你愿意，就把自己已经取得过的成绩，写在一个精美的小本子上，自卑发作的时候，不妨拿出来看看。你有过怎样的成就？不管它们看起来如何微不足道。从赢得一场比赛的冠军，到气喘吁吁地爬到了山顶。你要不断地鼓励自己，要学会自我鼓励，无论是成功还是失败，你都在学习中成长。

曾经有人做过一个调查：让孩子们写写自己的优点和缺点，出乎意料，交上来的纸上写优点的少，缺点却罗列出了七八项。这可能和现在的家长常犯的毛病多少有些关系：总是用自己孩子的短处去比同学的长处,让孩子总觉得处处比别的同学低人一头。这样长久下去,不但使孩子丧失了学习的兴趣,也使他们的自信心受到打击。好多同学在家长的数落和斥责中都认为自己身上没有什么优点,也觉得自己没有别人聪明没有别人学习好,等等。其实并不是这样的,每个人都有自己的优点,只是有时候自己没有发现罢了。

不要过于关注自己身上的缺点和不足,要学会发现自己身上的优点,多给自己一些鼓励、赞扬和肯定,少一些自惭形秽,这样才不至于因为自卑而总生活在自我怀疑的心理阴影中。要知道,不自信的女孩是不会拥有迷人的气质的。

当然,不过于关注自己的缺点,并不等于自负。而是看清自己的优势,弥补自己的劣势。多发现别人长处、学习别人优点的同时,你也

应该学会关注自己的优点和优势,增强自信心。有了自信,才会对学习更有兴趣,生活才会更加充实。那从现在开始。

一个人,只有体会了自我价值,内心才有前进的动力,自我价值也体现在获得社会和大家的认可,一个人从自身的努力中重新发现了自己的价值,他自身的善良和进取心就会被激发出来,他有什么理由不好好生活,做优秀的自己呢?

相反,当一个女孩总是觉得自己不如他人,躲避社交,不敢尝试,越是这样,越是没有证明自己的机会,越是无法赢得他人的注意和支持,长此以往形成一个恶性循环,即越不自信越无法赢得他人的尊重,而自卑和失意的心理也会越来越重,形成了负面情绪,自暴自弃,离阳光健康的生活轨道就越来越远。

第五章

哈佛女孩自尊自爱：
让女孩与世界温暖相拥

生活不可能像你想的那么美好，但也不会如你想象的那么糟。在花一样的年纪，女孩也就要过花一般绽放的日子，年轻就是要充满激情，而不是迷茫地前行。也许你是平凡和微小的，但竭尽力量做着喜欢的事，心中便充溢温暖和安宁。

人生是自己的，不需要别人来说三道四。在生命的过程中感受自己的价值，女孩，你可以用知识自己应对苦难和幸福。此刻，把心放平一点，脚步放慢一点，我们会发现很多简单美好的小事，都是世界温柔的馈赠。

敢于拒绝，没人有权利当你的主人

> 接受只是一种惯性，拒绝却需要不断地说服自己才行。
> ——戴维（david）

日常生活中，我们会发现很多"新人"基本都不会对"老人"说不。公司里、部队里、大学里、工厂里、餐馆里等地方，通常一个新人到来或多或少会被那些"前辈""老人"派遣，为他们服务。一般人在熟悉之前不会拒绝别人，因为这是出于礼貌和尊重，但是有的人则很奇怪，他们心里十分想拒绝，但嘴上却不会说出拒绝的话。

拒绝别人也需要一种勇气和技巧，它是人际交往中不可或缺的技能。那些不敢拒绝别人的人在生活中往往会产生很多负面情绪，造成自己严重的心理压力。

中国著名行走作家三毛曾经说过："不要害怕拒绝他人，如果自己的理由出于正当。当一个人开口提出要求的时候，他的心里就预备好了两种答案。所以，给他任何一个答案，都是意料中的。"

学会拒绝，不是拒人于千里，不是让你冷漠。拒绝，它是一个中性词。有时候，拒绝是一种自我保护，是一种顺应本心的呼唤，一种成熟的人际交往技能。

○ 哈佛女孩教养手札

一位哲人说过："学会拒绝，是一个人成熟的标志之一。"其实，拒绝别人未必就会伤害别人，本质上是自己内心受不了被人拒绝，所以认为别人受不了拒绝而不敢拒绝别人。因为很多人不懂拒绝，不会拒绝，造成自己内心的煎熬和困惑。很多时候都处在一个"认知失调"的情况下，那么怎么让自己不失调呢？就是需要我们学会拒绝别人！

拒绝别人也是一种人际交往中的技能。首先，对自己有伤害的，我们要坚决拒绝。其次，看对方是什么人。是领导还是同事？是朋友还是家人？不同社会角色我们要衡量他们之间对自己的影响程度。再者，看事件。什么事情？这个事情对自身的能力要求、时间要求及最终收益怎么样？最后，也是最重要的。顺应本心，如果这件事情你极不愿意做，即使它能给你带来很大的好处，你也要顺应本心说"不"。如果违背内心的声音，虽然表面看起来并没有什么，但实际自己违背内心后就会产生一种极不好的负面情绪，这个情绪多被压制到潜意识中，等到自己压制的东西太多的话，这些不好的负面情绪就会跑出来，严重影响你的人际关系、生活学习等。所以，我们对待接受要慎重，对待拒绝同样要谨慎。

一个不会拒绝别人的人很容易被他人左右,没有任何主张有时甚至会给自己带来危险。人不是万能的,不可能让所有的人满意。所以,学会拒绝也是一种快乐,不勉强自己去做根本不想做的事情,还自己的心灵一片自由。在成长的过程中学会拒绝,不仅是学会自我保护的一种方法,也是学习一种如何与人交往的处事技巧。

在生活中,女孩子们总是要和各种各样的人打交道,如果在与别人相处的过程中,总是担心伤害别人,不敢拒绝别人,这样的结果就是伤害自己。女孩子学会拒绝、敢于拒绝、善于拒绝,才会活得真实明白,活得开心快乐。

做人难,做事难,拒绝别人更难。在与人交往时,所遇的对象并不都是友善的、讲道理的人,也会遇到一些颠倒是非黑白、自视过高的人,他们不仅提出无理要求,还强迫别人无条件地接受。如果女孩好面子,打肿脸充胖子,最终吃亏的只能是自己。因此,女孩一定要敢于拒绝,勇于说不。

拒绝别人也有一定的技巧,要懂得考虑别人的心情,要站在对方的立场上去顾及对方的面子。在敢于拒绝的同时还要善于拒绝,既拒绝别人,又不让对方太尴尬和难堪。一旦确定要拒绝对方,心意就要坚决,但拒绝的方法要灵活变通。

拒绝是与人交往之中的一种逆势状

态。拒绝总是令人遗憾却又难以回避,所以拒绝时要以得体的方式进行,把对方的不满和不快尽量控制在较小的范围内。如果该拒绝的不拒绝,轻易承诺了自己不愿意、不应该、不必要或是不能履行的职责,最终只会自食其果。该拒绝时就要拒绝,只是注意遵循"尽量减少对方不悦和失望,寻求其谅解和认同"的原则。

女孩有没有社会交往能力,是影响她们以后生存质量的重要方面,社会交往能力强则更容易走向成功。一个气质女孩需要掌握拒绝的技巧,如违背原则的事,要拒绝;自己不愿干且无意义的事情,要拒绝;仅仅为了维护友情,对自己有害的事情,要拒绝;一切违背了做人原则的事情都坚决不做,不能因为一味地迎合他人的好恶而完全放弃自己的追求。学会拒绝,可以帮助女孩维护纯洁的社交圈子,帮助她们鉴别真正的朋友,保持友谊的本色。

学会拒绝吧!拒绝自己接受别人提出不合理的要求;拒绝自己不含任何热情或过度热情地给予;也拒绝对自己的奢望,找一条最适合自己的路,义无反顾走下去。

不懂得尊重别人，就是不尊重自己

> 对人不尊敬的人，首先就是对自己不尊重。
> ——陀思妥耶夫斯基

俄国作家屠格涅夫有一次在街上散步，一个穷人走过来向他乞讨。他伸手到口袋里摸了好一会儿，抱歉地说："兄弟呀，对不起，实在对不起，我没带吃的东西出来，钱袋也忘在家里。"那人突然紧紧拉住他的手连声说："谢谢你，谢谢你！"屠格涅夫既惭愧又惊异地问："你谢我什么呢？"那人答道："我原想找点东西吃了就去自杀，没想到你称我为兄弟，给了我活下去的信心！"这使得屠格涅夫惊喜异常，这是因为他的言行中包含了任何一个正常人都需要的东西——尊重！尊重能让最寒冷的心底见到生命的阳光，能让自卑者重新树立坚定的信念。

○ 哈佛女孩教养手札

不可否认，我们每一个人都希望得到别人的尊重，即使是那些生活在社会最底层的人。尊重的获得是彼此交换的过程，你尊重别人，别人就会尊重你。

哈佛的教育最厌恶的就是狭隘的种族主义思想，他们认为世界是多姿多彩的，充满着各种不同，存在即有其合理性，所以每一个人和每一种思想都值得尊重！尊重他人是一种高尚的美德，也是一种文化修养。三人行，必有我师焉。世界上永远都有比你更优秀的人，你要时刻怀有谦逊之心；世界上永远都有比你更需要帮助的人，你要时刻怀有仁爱之心。你的谦逊、你的仁爱，都会体现在你对他人的尊重中。尊重他人，不应只停留在语言上，更应该体现在行动上。我们要用实际行动表达对他人的尊重，更要用一颗真诚的心感染他人，给他人带来快乐。

尊重的方式可能会多种多样，重要的是能够让被尊重者感受到你的态度。尊重不是施舍，尊重不是悲悯，尊重不是作秀，也更不是物质的帮助或馈赠，尊重往往体现在一个微小却又真诚的行为，甚至是发自内心的一句话、一个微笑。

人生在世，谁也不可能像大海中的孤岛，我们都要与他人相处，每个人都希望做受人尊重和欢迎的人。要实现这一想法，首先就应该学会真诚地尊重他人。一个真正懂得尊重他人的女孩，必定是美丽且谦逊的，也自然能够获得他人的尊重。

尊重，是人的一生修养以及自我内涵的表现，也是所必须具有的品质。尊重，简单说，就是一种品德。它反映的是一个人的文化素养，道德修养。同时也反映了一个民族的文化底蕴。尊重是一种品德，无论是在学习、工作还是生活中，无论是对同学、老师、领导、同事或是邻居、朋友甚至家人,都应该自觉践行尊重,因为每一个人都希望得到他人的尊重。

在日常学习、工作和生活中难免会遇到对方有意或无意地做了伤害你的事情,在这种情况下是以其人之道还治其人之身?还是以宽容的态度原谅对方?如果能换一个角度思考这个问题,以别人难以达到的大度和宽阔的胸怀来对待处理,那么你的形象就会高大起来,你的宽容和大度就会让你的人格折射出更加高尚的光芒来。这样我们就会获得更多的尊重,在今后的学习、工作和生活中他们也一定会加倍回报你的。

我们对别人的尊重其实不仅是尊重别人,同时也是尊重自己,因为尊重也会使别人对我们肃然起敬。同学之间,同事之间、邻居之间、师生之间、上下级之间都要互相尊重,越是亲近的人,说话越不能随便,因为越是亲近的人越容易被伤害。人的内心都渴望得到他人的尊重,但也只有先尊重他人才能赢得尊重。常言道:送花的人周围都是鲜花,种刺的人身边都是荆

棘。就让我们每一个人都去先尊重别人吧！因为尊重别人就是尊重你自己！

开朗、自信和强势的性格对在社会上自立自强有好处，但学会尊重他人，才是今后真正得以立足的关键。只有尊重别人，才可能正视别人的意见，才有可能接受别人的建议。

尊重同时也是对自己充分的自信。这种自信是健康的、积极的，是对自身素质的正确估计，对周围环境的全面把握，对对方情况的深入了解之后，拥有的一种生活态度。自信是一种魅力，能潜移默化地影响你，它让人自然而然地产生对你的好感、对你的认同、对你的理解和支持，从而使你更富影响力和渗透力，让你的人格更具吸引力和亲和力。因为自信，你便成为太阳，在成就自己的同时，也影响带动着别人一起进步。尊重他人，其实就是尊重自己，学会尊重，你就学会了生活。

女孩，不卑不亢刚刚好

> 做人最高境界不是一味低调，也不是一味张扬，而是不卑不亢。
>
> ——哈佛格言

一个人的气质，并不在容颜和身材，而是内在修养留下的印迹，令人深沉而安谧。一个人的修养，不是装扮出来的优雅，植根于内心的修养，往往体现在易被忽视的小细节中。

有的人失败时垂头丧气，成功时却趾高气扬；卑微时低声下气，显贵时又盛气凌人。他们是因为太在意得失才会有这样的表现。其实，人生本来无常，一时的高低并不能证明什么。自始至终不卑不亢的人，才能看清自己，才能正视自己，才能做到取他人之长补己之短。

○ 哈佛女孩教养手札

在哈佛，每位学子都深知一个道理，那就是做人不要太高调，高调容易招惹是非。但也不能太低调，该强悍时则强悍，但切不可咄咄逼人。同情那些比你可怜弱小的人，乐于助人，永远心存善念、怜悯，会使你高贵。

哈佛大学教授曾经这样对他的学生们说:"作为一个人,一定要时刻保持尊严,不卑不亢地应对困难,经营自己的人生。"

为人处世的最佳状态是不卑不亢。所谓不卑,即不自卑,相信自己有开拓未来的能力,相信自己有创造美好生活的潜力;所谓不亢,即不傲,相信世界上总有更优秀的人,相信人人生而平等,相信每个人都有获得幸福的能力和权利。欣赏自己,也理解他人,做有尊严的人。太在乎别人的眼光和评价,只会让自己做事放不开手脚,犹豫不决,失去自我,丧失个性价值。坚持自己所选择的,相信自己所坚持的,才是属于你自己的正确道路。别人怎么看你并不重要,重要的是要做你自己,去做自己认为正确的事。不卑不亢,才能优雅淡然。

很多时候,人与人之间之所以需要声嘶力竭地叫喊,是因

为两颗心的距离太遥远，而柔声细语更能拉近人与人之间的距离。所以，懂得在不卑不亢的前提下，对他人的无礼仍能保持平心静气的女孩，无疑是聪明的、大气的、有魅力的。有时候，自卑的人会表现出傲慢来，反倒真正有资本骄傲的人，多表现得落落大方，谦言恭行，自律自爱，时刻提醒自己山外有山。所以卑微的时候，一方面不要妄自菲薄，过分小看了自己，另一方面，更不要卑极攻心，过分掩饰自己，莽言粗行，攻击对方，这时候结果比自然流露出的自卑还糟糕。闻道有先后，术业有专攻。给自己充足的时间和过程去发展自己。

女孩想要做到不卑不亢，就必须学会如何与人交谈。在重要的场合表态说话前，先深呼吸，平稳心情，这样有助于语调平稳、不急不缓、有条有理地陈述事情的经过。你会发现，对方的怒火在慢慢降温，或许他还会觉得不好意思。很多时候，你与他人发生不愉快，是恶劣语气在作祟。在交谈中不妨多带"请""你觉得""要不要"等征求性词语，同时尽量面带笑容，千万不要拉长着脸，它可是恶劣情绪的滋生剂。争吵之前，要学会换位思考。

人生没有高低贵贱，做人要不卑不亢，无论你是漂亮还是长相平凡，不论你是富贵还是贫穷，不论是得到过多少，失去多少。找到自己的定位，走好自己的路，不过度狂妄，也不过度消沉，不卑不亢刚刚好。

发现优点，做最好的自己

> 伟大的人是决不会滥用他们的优点的，他们看出他们超过别人的地方，并且意识到这一点，然而绝不会因此就不谦虚。他们的过人之处越多，他们越认识到他们的不足。
> ——卢梭

哈佛教授曾对学生们说：如果你不能成为大道，那就当一条小路；如果你不能成为太阳，那就当一颗星星。决定成败的不是尺寸的大小，而在于做一个最好的你。

做最好的自己，就要发现自己的优点，而不是拿自己和别人做比较，天外有天，人外有人，和别人比较，永远也成不了一个最好的自己，也永远享受不到成功的喜悦，最好就是和自己比，和过去的自己、昨天的自己做比较，让自己成为今天最好的自己，努力让自己的每一天都有收获，有进步。做最好的自己，不在意自己昨天是怎样的一个人，不在乎自己的基础有多差，只要努力，就可以比不努力的自己更好，只要坚持努力，完完全全可以成为更好的自己。

做最好的自己，无论是谁，若把这句话当作自己的人生目标，他一定会很充实，很快乐，很成功。

○ **哈佛女孩教养手札**

女孩最美的时候就是做自己。做自己，首先要了解自己，明白自己是个怎样的人：有什么独特的地方，有什么优点和缺点，有什么兴趣和爱好，有什么理想和志向。其次要接纳自己，无论自己是怎样，你都要满心喜悦地面对自己，像欣赏艺术品一样欣赏自己。最后要坚定自己，每一个人都是这个世界上的唯一，没有复制，没有克隆。你身上的每一个特点也都染上了你的色彩，无须担心，也不用害怕，更不能盲目轻率地做出改变，你不是别人的附庸，你仅是作为你自己而存在。

做最好的自己，就是要让自己的今天比昨天做得好，明天要比今天做得好，天天都在做最好的自己。

一位心理学家做过这样的试验，他在报纸上刊登广告，说他是一位著名的占星术家，能够遥测不相识者的性格。结果，有200多人请他遥测，他一一写出遥测评语，被遥测者给他回信，无不称赞他遥测的灵验。

一位心理学家真的能遥测出200多人的性格吗？怎么可能？那为什么所有人都觉得他说得很准呢？事实上，他给每个人的回信都是完全相同的，无非是一些赞扬的话，譬如，您这个人非常需要得到别人的好评，希望被人喜欢和赞扬，不过并非每个人都如此对您，等等。

这其中的道理就如同我们笃信那些星座物语是一样的，没有哪一个人不愿意被肯定和赞扬，当听到那些赞美、表扬、鼓励的话时，人们更很容易接受并代入到自己的身上，主动寻求共鸣。

被别人赏识，不仅仅是一个人的心理需求，还往往成为一个人对自我价值的判断，成为一个人自主发展的内驱力量，原因是他在成长的道路上看到了更多的光明和希望，如果是遇到失败或困难的时候，就更是如此。

要知道"尺有所短，寸有所长。"女孩对于过分贬低自己或者滥恭维，乱带高帽子的行为要懂得分辨，坚持自己的原则，不断发现自己的优点，发展优点，积累优点。如果经常盯住自己的缺点不放，你会发现你越来越表现得像你自己认为的那样，也就越来越没自信。

如果善于发现自己的长处和优点，那么你一生都处于幸福和快乐之中，你能够充分享受生活，这还有益于身心健康，生活中是这样，事业、工作中更是如此，因为事业、工作是生活的重要一部分，它的成败会直接影响你的生活快乐与否、幸福与否，那么女孩们该如何去发现自己的长处呢？

人的优点或潜能是很多的，也是很大的，现代医学已经证明，人的一生中发挥的潜能不足百分之四。女孩要学会放大自己的优点，欣赏自己。在人的心灵深处，有一种天然的与生俱来的渴望成功、被欣赏和被赞扬的心理，但受中国几千年来中庸文化的影响，人们把讷言、守内、谦虚作为个人成熟和美德的标准，而把张扬个性，肯定自己看作是不成熟和张狂的表现，长此以往，就会压抑人的个性的空间，让自己缺乏自信，在前进中设置了一块巨大绊脚石。而善于发现自己的优点，就能激发自身的潜能，从而超越平凡。

要做最好的自己，就要承认个体差异。在这个世界上成功没有绝对的标准，但是有很多相对的标准，每一个人都带有天生的使命来到这个世界，这个使命就是成为一个独一无二的自己。所以在这个世界上我们做到最重要的事情，不仅仅是要赢得别人赞赏，更是要赢得自己认同。做最好的自己，阐述了一种可能性：就是每个人要对自己的命运负责，同时又能够有机会超越自身和环境的局限，达到生命价值的最大化。

没有人是完美的，正视缺点与不足

> 毫无缺点的人显然是不存在的，因为他无法在这个世界上找到一个朋友，他似乎属于完全不同的物种。
> ——赫兹里特

一个心理健康的人应当懂得悦纳自我，接受自己的缺点，并在此基础上积极地发挥自己的优点。如果一个人总是对自己的缺点耿耿于怀，那么他就无法获得精彩人生。

在哈佛校园里，我们常常能看到高矮不一、胖瘦不同的人。他们或者是黑皮肤，或者是白皮肤，或者是黄皮肤，还有他们不同颜色的头发和眼睛，也有着不同的求学经历和生活阅历，但那一刻，他们都有一个共同的身份——哈佛人。哈佛人，包容着自身的缺憾，也包容着他人的缺憾，他们在用缺憾创造完美。哈佛大学中人人熟知一句话：我们从不苛求完美，但我们追求美。

人生在世，每个人都有自己独特的优点，但"金无足赤，人无完人"，每个人又都有自己的缺点。因此在生活、学习、工作中我们要正确地看待它们，不要因为自己的优势而沾沾自喜,也不要因为只看到自己的缺点而自卑自弃。

○ **哈佛女孩教养手札**

完美主义者在做事的时候总是力求不存缺憾,哪怕是无关紧要的细节也不肯放过。却不知要求完美是一件好事,但如果做过了头,反而比不完美更糟糕。

哈佛教授沙哈尔博士曾经也深受完美主义的困扰,当时的想法就是"all or nothing",意即"全有或全无"。拿他的壁球训练来说,要么彻底地休息,要么是奥运冠军的强度练球。后来他发现,这对自己来说是不可能的事,长期抱有那样的心理还会产生抑郁、自责,造成自卑。后来,通过接触积极心理学,他不断地调整自己。现在的他把自己定义为追求极致者,希望能达到极致。但他允许自己失败,而不会陷在失败自责的情绪中,他常说曲线式的人生才是最常见的。在沙哈尔博士的课上,他反复强调"give ourselves the permission to be a human",直译过来便是:允许自己成为人。这里的"人"含义就是会有七情六欲,并存在缺点的人。

对于很多女孩来说,外表的美丑非常重要。她们非常在意自己外表的缺陷,并为之痛苦、自卑,这样她们很难关注自身的优点。长此以往,她们就会失去快乐,深陷于痛苦中。其实,每个女孩都有自身的优点,何必为那一点点缺陷而纠结呢?

女孩们要知道,人都不可避免地有自己的缺点和不足,不承认它们的存在,就不可能做到知己,只盯住别人的缺点而看不到对方的长处,自然达不到知彼,这样必然不会有太大的发展。一个人敢于正视自己的缺点和不足,是勇气的表现,更是智慧的体现,只有自信心不强、缺乏责任感的人才把自己的缺点造成的失败当成是别人的负面影响所致,而在遭遇失败时,能够勇敢地承担责任并理智地评价自己和别人的人,才是真正的智者。

有缺点并不是坏事,它是通向更高层次的阶梯,只有承认这点不足,才能尽力弥补,才会提高自己。所以,缺点就是希望,承认并改正自己的缺点,你将获得事业上的成功。

我们总认为自己是完美无瑕的,缺点都在他人身上,于是在做什么事情的时候总是嘲笑别人的短处,在总结经验时总重申自己的强势所在，即使犯了错误也一股脑儿推给别人，结果可想而知，我们失去了让自己更优秀的机会。

抱着正确的态度，善于直面，敢于正视，必将获益匪浅，收效良多。它能促使你摆脱阴影，向着阳光的地方前进；它能激励你扬长避短，驶向成功的港湾。

正视自己的不足，需要鼓足勇气。面对不足，如果缺乏勇气，就难以走出阴影，难以改变自身。有了勇气，就有了对抗压力的信心，就有了挑战命运的动力。

敢于正视自身缺点和不足的女孩，表现出来的勇气和气度，让她散发出一种大气从容的高贵气质。

缺点也可以是一种别样的美

> 每一种缺点都或多或少地假扮成美德,每一种缺点都从这种伪装的相似中得到好处。
>
> ——拉布吕耶尔

拉罗什富科曾经说过:在日常生活中,我们往往由于自身的缺点而不是优点才招人喜欢。每个人都是独一无二的,之所以如此,是因为你身上的优点,及所有的缺点和不足,共同成就了独一无二的你。

"缺点并非全然是缺点,只要它不憎恨美德。"尚福尔如是说。但生活中,大多数女孩并不这样认为,她们羞于展示自己的缺点,刻意遮掩,无法接受和面对。当然,越想要完美,这种方式越不可取。其实,有的时候,看似缺点的东西恰恰是做另一件事情所需的优点,甚至还有可能成就辉煌的人生。

○ 哈佛女孩教养手札

爱美是女孩的天性,对于女孩来说,对自身的积极方面,如高挑的身材、优异的学习成绩、开朗的性格、愉快的心情,都是乐于接受的;相反,如果是平凡的相貌、贫穷的家庭、害羞的性格、抑郁的情绪，这些消极的方面就没有人愿意接受。

不接纳自己的人常常会有某种程度的自我否认和自我排斥。但是，女孩要认识到只有接纳自己才能有自信，带着很多对自己的不满和拒绝，是不能成长、成熟的。女孩子不要苛求自己完美无缺，要学会包容，学会从跌倒的地方爬起来。自我接纳是一个女孩健康成长的前提。如果她连自己的问题都不敢正视，对自己有那么多的不满与失望，甚至是否定和拒绝，那她怎么能引导自己走向成功呢？

一个人，如果能够清楚地认知自己、准确地评价自己，就能够制订现实可行的目标，进而采取有效的行动，充分发挥自己的长处，最终取得成功；相反，一个人如果不能清楚地认识和评价自己，对自身的评价并不稳定，时而自卑，时而自负，就会影响自身的发展。心理学研究表明：如果一个人能够接受自己，就说明他没有明显的自卑心理，能够比较客观地认识自己，心理上比较平衡，他们采取的自我防御越少，社会适应能力就越强。

女孩们要实现有效的自我接纳，首先要正视自己的缺点。不论自认为有多少缺点和不足，做了多少傻事、坏事或蠢事，从现在起，都停止对自己的挑剔和责备，要学习为自己辩护，维护生命的尊严和价值。如果一个人能够正视并且接纳自己的弱点，那就意味着他不但正确地认识了自身的局限性，同时也停止对自己的不满和批判。这可以不用浪费时间在自责和沮丧上,而是集中精力去发掘自己的优势,或者提升自身的能力,这样也可以让自己少走弯路。

女孩要全面地认识自己、真诚地接纳自己。会发现,自己好像突然变得美丽、自信起来,周围的一切也更加清新,原来身上有那么多可爱之处。所以,只要拥有一个包容的心,爱上自己不难。爱自己、爱生活、爱身边美好的事物,女孩的世界从此与众不同!

有个孩子因为胆小的性格而去见心理专家。专家告诉他:"胆小不是缺点,是优点。你不过是非常谨慎罢了,而谨慎的人总是很可靠,很少出乱子。"这个孩子又问:"那勇敢难道是缺点?"专家说:"勇敢也不是缺点。勇敢是一种优点,而谨慎是另一种优点,是少出事故的优点。"

这个小故事,告诉我们在一个场合认为是缺点,到了另一场合却成了优点,发挥了它的长处。因此,不必为它而耿耿于怀!女孩还要知道,优点和缺点并不是绝对的,不是一成不变的。优点常常带来诱惑,偏偏大多数人,对诱惑又没有抵抗力和辨别力。戴安娜若不是因为太优秀,就不会成为王妃,而天底下有几个女人,能拒绝王妃这个名分的诱惑?

相反,那些不完美的人,面临的诱惑就少多了,因为不美不聪慧甚至不健康,就没那么多机会。你必须逼迫自己做那些优秀的人不想做的事，吃他们不愿吃的苦，从而激发出自身的潜力，获取自己想要的成功，而这些内在的、深层的、被逼出来的特质，往往蕴含着巨大的能量，能帮助你取得那些看似优秀的人所无法取得的成功。

你自身的缺点，给你带来了天然的逆境。所谓逆境出人才，它固然让你活得不那么如意，但是它也可能成就你。因为正是这些弱点，让你远离诱惑，让你破釜沉舟，让你咬牙坚持走到高处，看到更迷人的风景。

缺点是一种别样的美，缺点也可以成就你作为女孩的成功人生。

不要活在他人的评价里

> 任何事情，都应由自己做出判断。不要因为他人反对或信任，因而自己也就否定或认同了。既然上帝赋予你一个识别真假的脑袋，你就应该好好用它。
> ——美国第三届总统 托马斯·杰斐逊

一个人如果想主宰自己的人生，就必须好好掌握自己的信念。就是在自己的想法和别人的意见之间，有一个坚定的判断。否则，你很可能会失去自我。

大哲学家叔本华曾经说过，一切的真理，都得经历三个阶段，才会为世人接受：第一阶段，觉得可笑而不加理会；第二阶段，视为邪说而强烈抗拒；第三阶段，未加思索就欣然接受。所以，一旦你接受了别人的信念，就如神经系统被下了一道紧箍咒，你的现在和未来，都会受到它的影响。

太在乎别人的评价，你就不能做真正的自己了，万事都会考虑别人怎么看，你又怎么能专心致志地变现出真实的自我呢？而且很多时候你是不需要在乎别人怎么评价的，每个人都有自己不同的看法，你也不可能满足每一个人，即使你再努力，也不可能做到完美,太在乎只会增加你的烦恼。

○ **哈佛女孩教养手札**

要走自己的路,不过要走正确的路;不能太在乎别人对你的看法,也不能一意孤行。要做真正的自己。不要被别人所诱惑,更不能自欺欺人,别人的看法是别人的,说得对可以接受,说得不好就大可以置之不理。不要让别人的思想、别人的看法左右了你的思想和你的行动。

在平时的学习和生活中,很多女孩子得到美好的、正面的评价时,就高兴一阵,但得到的是非期望中的评价,甚至是背后的窃窃私语并附加上指手画脚、挤眉弄眼时,就伤心不已。若如此让自己情绪受外界所左右,就一点儿也不超然了。要知道,一般当面的评价都是好的,因为碍于情面,谁也不会当面说难听的话,可这样的话总会有水分,有时好的连自己也不相信。而背后的评价又总是掺杂了浓浓的感情色彩,局限于狭隘的个人偏见,充满善变的个性特征。如此产生的评价,于自己何用?而现在很多人是以自我为中心,许多时候的评价仅仅是拿你做由头说自己的事儿,更当不得真。所以,不要活在别人的评价里,不要太在意别人对你的评头论足。

不要活在别人的评价里,否则,就是不自信的表现。对每个人来说,凡事都要有自己的主见,不要太在意别人的看法。在面对双向甚至多向选择时,决定权永远在自己的手中,也许有的时候自己的选择并不是最好的,但这就是人生。让自己成为掌舵人,即使这艘船在生命中行驶得有点颠簸,你也会在航行的快乐中到达自己生命的彼岸。想要达到最终的目标,就不能放弃自己,要自己来走完这条路。放弃自己不只会失去成就自己的机会,生命也会随之失去意义。

哈佛教授告诉学生们,人要忠于自己,不必总是顾虑别人的想法,或总是想要取悦他人。生命的可贵之处就在于按自己的想法生活,做你自己。不论做任何事,都要顺着你心中所想去付诸行动,独立思考,拥有自己的主见,敢于说出你的观点,而不是活在别人的眼光里。所以,女孩要懂得,对于他人的评价要正确对待,不能被其左右。

约翰·阿特金森曾说:如果不能掌握自己的生活,就会被他人控制。

在生活中,不要把别人对自己的评价看得太重,也不要把自己的快乐、幸福和价值建立在别人认可的基础上。很多事情,关键是怎么看待自己,别人的评价会给自己造成麻烦,这是每个人都会遇到的事情。性格开朗常常被别人看作骄傲自大,如果不和别人交流,又被人看作是狂妄自大,目中无人。可是终究别人怎么说你,自己还是要做自己的,不是吗?不过,提高自身的素养,学会处理事情的方式,用超脱的心灵去感悟生活,才是我们的目的。

那么,让女孩不受别人的评价左右,要注意一些细节。女孩要注意将别人的思想、言行和行动与自我价值截然分开,别人的评价只能代表别人对事物的看法,并不是真理,并非神圣不可改变。你认为可以听的就听,认为可以不听的就不听,不理睬那些企图支配你的人:"你的意见与我毫不相干。"不要依照别人的感情来确定自己的价值,也不必解释和反驳,因为你不可能向这些人解释清楚,相反还会纠缠不清。

另外,也不要强求别人的理解。你的许多做法,别人可能无法理解,这没关系,你不必强求被理解。因为,理解是要一定时间的,再说,人的思想、环境、修养的不同,哪能对你的所作所为都理解呢?如果每件事都等别人理解之后再做的话,那你一生中又能做几件事?况且,周围的许多人和事,你不是也不理解吗?可他们仍然在进行,并没有因你的不理解而停止和改变。

总之,人们并不需要理解一切,也不可能理解一切。女孩要相信自己的判断,不必过多征求别人的意见,因为衣服是穿在你的身上,而不是穿在别人的身上。别人的选择只代表别人的爱好和审美，并不代表你。也许别人的选择，穿在别人身上是适合的，而穿在你身上效果都不佳。再说，如果穿上与你的修养、气质不相符的衣物，还会带来明显的反差，让大家感到滑稽可笑，也会让你难堪。这样，你更不相信自己，因而深深地陷入苦恼之中，不能自拔。要想不被别人的想法所左右，就要做好挨骂的准备。当你拒绝采纳别人建议时，很有可能被别人说成是狂妄自大，目中无人。这很正常，评判你的人一般都希望你能采纳他的意见，而你的不理睬本身就表明你的与众不同，而这就很容易招来非议。

同时女孩们也不要怕被孤立。真理有时是会在少数人一边的，不要以认可自己行为的人数多少，来确定自己行为是否正确。只要你认为自己是对的，无论认可你的人是多数，还是少数，都应坚持下去。不要活在别人的评价里，否则，你就是不自信的表现。用一句话来说，在你的世界，你做主。再说，同时想想你是怎样评价别人的，心中的疙瘩也就不难解开了。

生活中大多数的人对别人总是贬多褒少，不管你生活得怎么样，都难免会受到批评。既然如此，你又何必去在乎那么多呢？在现实中，不在意别人的评价确实很难。每个人都有一定的虚荣心，连圣人也不例外，但只要调整好自己的心态，把别人的批评看成是对自己的帮助，能尽可能地完善自己，这样无疑将对自己和别人的交往，还有以后的为人处世方面都有很好的帮助。

若你是风筝，会身不由己随风飘摇，若你是浮萍，只能顺水而动，若你是棵树，你的成长只能由风和阳光来决定。可你是人，评价于你，至多如轻风拂耳，应该是风过而不留任何痕迹。不要活在别人的评价里，否则，就是不自信的表现。一个气质女孩，要有"我的世界我做主"的气势，而不是任由他人摆布。

矜持是女孩永远的标签

> 自重是与重大事物有关的品质。一个自重的人具有重大的价值,所以是善良的人。做个真正自重的人是困难的,他须得高尚与善良俱全。他对高贵者矜持,对通常人和蔼。
>
> ——古希腊哲学家、科学家 亚里士多德

矜持的女孩行事不张扬、外表娴静、内心坚强;文静而不呆滞、冷静而不孤傲、清高而不冷漠;有涵养、有素质、羞怯、庄重、高雅、严肃、柔弱而不失传统。

女孩要活得高傲,要活得矜持,要有自己的个性,要好好爱自己,顺其自然以最佳心态面对生活。女孩要保持自己的矜持,矜持不是装出来的,也是学不来的,矜持是一种自然的气质,是一种自我沉淀的内涵。矜持是一门学问,矜持的度很难把握,目空的矜持是傲慢,谦虚的矜持是含蓄,怯弱的矜持是拘谨。矜持的女孩,芬芳淡雅,清香迷人,由内向外散发着美丽。

○ 哈佛女孩教养手札

矜持是一种美德,一种庄重,一种礼貌,一种风度,它与高傲、任性、保守无关。矜持不是傲慢,也不是任性。矜持之

美在于庄重有涵养，高雅有素质，文静而温柔，清高而坚强。一个有良好品德的人会在任何事面前显得镇定自若，不卑不亢。

矜持会让女孩出淤泥而不染，濯清涟而不妖，如莲花般高洁。矜持是一种气质美，是一种自然而然的表现，它让人具有一定的人格魅力，是装不出来的，当然也学不到。一个有修养的女人她会时常审视自己，审视社会以及身边的每一个人，以期做到知己知彼，她做到知己知彼其实并不是为了百战不殆，而只是对人生的一种细致的负责态度，她知道自己在这个时代的价值，但她同时也很明白自己的缺点在哪里。她会在不断地自我完善中走向成熟，而且会渐趋完美。

女孩很多时候还是内敛点、矜持点好。在关系一般并不特殊的朋友面前矜持是一种适当的距离，是一种得体的自然表现，是一把区分友情和爱情的尺子，也是一个保护好自己的轻型武器。一个有自尊心、有羞涩感、矜持的女人她将永都是一个值得人们去尊敬和爱戴的女人！

当然，矜持应该不是与生俱有，而是通过后天培养出来的。所以，父母从小就要教育女孩子要矜持有度。一个有内涵的女孩，她的生活字典里是少不了"矜持"这两个字的。矜持是一种羞涩，也是一分清高，是对自己的爱护和尊重，是人的一种高贵优雅的姿态。正因为有了这样的一种矜持，才使人觉得这个女孩真是一个有气质有涵养的人！

矜持是一种美德，矜持是一种体贴，矜持更是女性的一种修养。一个有良好品德的人会在任何诱惑面前显得镇定自若，不卑不亢。一个懂得体贴的女性会站在对方的角度上考虑问题，因此不会随便表达出自己的喜好，也非常明白"己所不欲，勿施于人"的道理，只会在你最需要的时候适时地出现在你的面前，给你以适当的关怀和温暖，让你会一直为之感动。

矜持和冲动是敌人，因此矜持的女孩不会"跟着感觉走"，她用理智巧妙地告诉那些做错了事情的人"你错了"，也许是一个眼神，也许是一个动作，但绝对不会是一声斥责或埋怨。因此矜持的女性不狭隘，不会为了一点小事而斤斤计较，当然也不会是个女权主义者，因为明白适合自己的是什么，对男人的态度是尊重和理解，并不会和男人在竞争中拔剑相向，因为知道男人适合的事情自己未必喜欢，而自己适合的事情男人也不一定感兴趣，因此和男人会友好相处，平等对待他们。

矜持比放纵自己要现实一点，能矜持，才能拿捏得恰到好处，能矜持，才可能控制自我膨胀。能掌控自我的世界才是女孩最大的智慧。

一个女孩若能保持一种得体的、自然的矜持个性，那么她几乎是超尘脱俗的。而这种超尘脱俗的矜持，就是一个女孩内心沉淀的内涵、积聚的知识和修养。这样的女孩,会淡然面对金钱和物质;她不贪慕虚荣、不为任何诱惑所动,不会在物质的现实中迷失自己;对别人的邀请、馈赠懂得婉言谢绝;她知道什么该做什么不该做;她懂得自尊、自爱、自重;她镇静自若、不卑不亢,会以平常人的心态对待身边的人和事。矜持,不会见了几次面就说"相见恨晚",也不是交流了几次就以为"知己难寻"。

矜持的女孩宽容、豁达,不喜欢计较个人得失。对别人犯的错她不会深究,只是点到为止,与人为善,以一种良好的心态去包容和消除心灵的隔膜,增加理解,增进彼此间的信任和友爱。所以,矜持的女孩往往让人喜爱和敬重;所以,只有懂得矜持的女孩,才会得到人们的尊重!

但矜持也要有个度,要把握好矜持的分寸。物极必反,过于追求矜持,反而显得做作,失去了矜持本来应有的美。

第六章
哈佛女孩情商培养：
情商高的女孩更容易幸福

情商影响着女人的一生，甚至决定着女人的命运，在人生各个领域中占据着重要的地位。看看身边的成功女人，其中很多可能并非聪明绝顶，智商超人，却必定是能够控制情绪和管理情绪的高情商者。

高情商的人则意味着有足够的勇气面对可以克服的挑战、有足够的度量接受不可克服的挑战、有足够的智慧来分辨两者的不同。高情商的女人会将爱情、婚姻、事业、社交都经营好，即使遭遇了厄运也能够凭借自己的坚强、乐观和智慧去扭转命运。情商是女人幸福一生的积极推动力，女人的情商越高，就越容易收获幸福。

过度虚荣是一剂致命的毒药

> 虚荣心很难说是一种恶行,然而一切恶行都围绕虚荣心而生,都不过是满足虚荣心的手段。
>
> ——柏格森

有虚荣心的人往往沦为虚荣心的奴隶,因为他们力图博得后者的赞赏。面子可以说是一种伪善的工具,在本质上进一步培养了人的虚荣心。一般来说爱面子、讲面子都是人的一种"本能",属于正常的心理需求,也是合情合理、天经地义的事情。然而,凡事要有度,过分地"爱面子"甚至达到了"活受罪"的程度,面子就会走向生活与人性的负面。而那些欲望很强的人,就使出十八般武艺将面子硬撑到底,结果得不偿失。所以,不要让面子讲过了头,否则自己的生活永远不会快乐。

很难想象一个爱慕虚荣的人能有多大的成就,因为他们总是把一些浮在表面的东西作为提高自己地位的条件,而不是扎实地生活和工作。虚荣是虚妄的荣耀,是无知无能的人想依赖而实际上是最不可靠的心灵稻草。

○ 哈佛女孩教养手札

心理学家认为，虚荣心是以不适当的虚假方式来满足自尊的一种心理状态。虚荣心是为了引起普遍注意而取得荣誉的一种不正常的社会情感。虚荣心强的孩子在成长中会出现各种问题，如为了满足虚荣心而说谎，情绪不稳定，不认真学习，缺乏意志力等。虚荣心强对孩子来说无疑是一种可怕的不良心理。父母对虚荣心较重的孩子不能掉以轻心，而应当采取必要的方法加以纠正。

有些女孩有能力，也想取得好成绩，但不肯踏踏实实地学习、工作，吃不了苦，因而只好不择手段地追求荣誉。此外，不良的社会风气也可能在一定程度上诱导了不少孩子的虚荣心。

当然，人不可能一点虚荣心都没有，但是当虚荣心超出一定限度就有百害而无一利了。在现实的社会里，充满了各种诱惑。我们被赋予同样的生命，却定格在不一样的起跑线，因此有人会抱怨，内心也充满虚荣。为了满足那份虚荣心，有的人挥霍了青春，有的人丧失了本性，有的人则盲目付出。当然，虚荣心谁都会有，但要明白，生活如若等待或靠别人来安排，也就枉来世上走一趟。一个有气质的女孩会懂得：即使没有金钱与地位，也不能没了自己与心智；即使没有优越的条件，也不能一味地抱怨；即使命运无情地捉弄，也不能就此服输；即使至今一无所获,也别忘了最初的梦想,朝着这梦想的方向不顾一切地努力奋斗,以此来实现人生的价值。在这过程中,不断提高自身的学识,重视品德与自身的修养;所谓气质,便会不自觉地外露出来,这样的美会更加引人注目。

气质高雅的女孩安于平淡,如小巷中的兰花幽幽开放;气质高雅的女人才能真正地自尊。厄运专找虚荣女人,因为厄运喜欢与金钱、富贵、权势结亲,所以,有人说征服女人最简单的办法是满足她们的虚荣心。气质高雅不是满足虚荣的工具,因为气质是修养的自然流露,不是装腔作势更不是卖弄风情。

女孩的一切弱点和罪恶几乎都可以从虚荣中找到根源,可这一点并不为许多女孩所觉悟。

莎士比亚曾经说过:"爱好虚荣的人,把一件富丽的外衣遮掩着一件丑陋的内衣。"华丽的外表不会掩饰空虚的心灵。过度虚荣的女孩往往是悲哀的,如果女孩沉迷于自己的虚荣心,那就变成了虚荣的奴隶。女孩一定要抛弃虚荣这个包袱,因为每个人都不是为别人而生存的,事实上,除了自己，没有人对你的人生感兴趣，所以，不必要在别人的目光里虚伪地生活。

要克服虚荣心，首先要认识到虚荣心的危害，树立正确的人生观、价值观和荣辱观，淡泊名利，始终保持一颗平常心，不盲目攀比，不嫉妒别人，自己过自己的日子，自己享受自己的生活。其次要自我节制虚荣心，自己在手腕上套一个橡皮筋，当出现虚荣的心理和行为苗头时，反复拉套在手腕上的橡皮筋，击打刺激自己的皮肤，提醒自己要加以克制，努力坚持就会慢慢克服自己的虚荣心。当然，这种做法需要有很强的毅力和自控能力才能奏效。此外，请好朋友帮助克服也是一个好的办法，恳请好朋友在自己暴露出虚荣心时，及时给予提醒和批评。这种方法可能让你难以接受，但为了一生的幸福快乐，就必须忍受眼前的痛苦。

愤怒会让你的气质陡然坍塌

> 凡是有良好教养的人都有一个禁戒：勿发脾气。
> ——哈佛学子 爱默生

哈佛心理学教授指出，人一旦处于愤怒状态，便会失去理智，难以保持冷静清醒的头脑、做出正确的判断，因而，做错事的概率就大大地增加。大动肝火，往往会把事情搞得越来越糟糕。控制好自己的情绪，能使人泰然自若地在生活中立于不败之地。

毕达哥拉斯说："愤怒以愚蠢开始，以后悔告终。"很多有智慧和有成就的人，都曾经反复告诫人们，千万不要被愤怒左右，何必自讨苦吃呢？正确处理自己的情绪，首先，遇事不要钻牛角尖。比如，有一个人说话很过分，做到不为所动是没有必要的，你既然有了情绪，就要发泄出来，但是要注意发泄的手段。你可以反驳他，但同时，你要想清楚自己要说的是什么，而不是无谓地漫骂。铿锵有力的言论，才能使你的对手无言以对，也同时让其他人信服。在有情绪的时候，想做的事很可能不是最佳选择，如果不是立刻要做的事情，不妨等冷静之后再说。

○ **哈佛女孩教养手札**

据说人在生气和愤怒的时候,体内会分泌某种物质,而这种物质就会导致面部发生变化,也就是变得"丑陋"。不信的人可以在下次生气的时候对着镜子观察一下。除影响健康外,怒火还会使人的判断力降到零点,严重破坏人际关系。美国杜克大学博士莱德福德·威廉姆斯花费毕生精力写出了畅销书《愤怒杀手》,他表示,"负面情绪可能伤害工作和家庭关系,从而导致丧失别人的尊重和自尊心。当我们在愤怒的情况下,会自以为是对威胁立即做出反应。"但事实上,这个时候的我们看起来无比愚蠢。

许多人会认为爱生气是脾气不够好,是天生性格的问题。其实,人的很多特质都是后天养成的,容易生气和生活习惯也有直接的关系。如果你平时工作压力很大,作息时间不规律,又喜欢吃快餐之类的食物,就很容易烦躁易怒。为什么我们会觉得运动员给人的印象是阳光、好脾气的呢?是因为经常运动的人体内会分泌更多的多巴胺,所以经常运动的人,大多数比较平易近人。

如果想让自己变成好脾气的温柔姑娘,就要改变一下自己的生活习惯,当然,情绪的控制也是我们的必修课,一个人只有拥有控制情绪的本领,才不会任凭自己被情绪所控制。如果我们能够多试着让自己站在别人的角度思考的话，就不会觉得对方的做法是那么的不可理喻。很多时候，生气、恼火，都是因为我们只站在自己的角度上考虑问题，想当然地认为事情发生了，本应有更加好的解决办法。如果想让自己更加漂亮优雅的话，就先改掉自己容易发火的坏习惯吧！不要觉得改变自己是件很困难的事情，做一个好的情绪管理者也是人生中的一大重要课题。

人在轻松的气氛中，自然而然就生不起气来。找到专属自己的发泄方式其实并不难，发泄的方式有许多，比如，疯狂的运动。当自己累得筋疲力尽的时候，你会发现很多事情都豁然开朗了；再或者，跑到山顶将心里的怨气都大声地喊出来。大哭一场；在纸上写出想要骂人的话，然后撕成碎片冲下马桶去。方法虽然很多，但是找到适合自己的方式最重要。独自把心中的怨气发泄出来，总好过和身边的人乱发脾气。

柏拉图曾说："稍忍须臾是压制恼怒的最好办法。"女孩在遇到令你愤怒的事情的时候，请忍耐一下，因为有些时候就因为计较会让你失去自尊，成为被人指责的没有教养的女人。对那些不友好的人的忍让，既能够让对方无地自容，也能够给别人留下大度的好印象。忍耐并不是懦弱，也不是伤自尊，而是宽容美。生活中会遇到很多不公平的事情，也会遇到很多让你无法接受的人，我们不能试着去改变别人，与其非常愤怒地大声指责别人的行为，不如怀着理解的心态给对方一个微笑，任何人都不会伤害一个善良的人。

曾有一位名人说过："战胜恼怒，比战胜劲敌更难。"是的，情绪化是许多年轻女孩共同的特点，生活中，我们常常会面对各种刁难和不如意，真正面对时要做到心平气和并不是那么容易。管理好自己的情绪，是每一个女孩成长为优雅女性的必修课。一个怒容满面、扭曲狰狞的面孔是绝对不美丽的，愤怒会毁掉一个女孩的美丽、优雅和一切美好，把她变成魔鬼一样的丑陋。要成为一位气质迷人的优雅女人，就要学会远离愤怒的魔鬼，用适应的方式来表达自己的情绪和诉求，要知道，这个世界上没有任何事是靠发脾气来解决的，大多的解决途径都是在理智和冷静的情况下妥善处理的。

宽容他人，是对自己的救赎

> 宽容就像天上的细雨滋润着大地。它赐福于宽容的人，也赐福于被宽容的人。
>
> ——莎士比亚

有句哈佛箴言这样讲："宽容是人类最高贵的品质，也是检验文明的标准。一个懂得宽容的人，不会因为自己受到些许伤害就去报复，即便这样的机会已经摆在你眼前。一个不会宽容别人的人，惹了麻烦也不会得到别人的宽容。"

宽恕别人，其实也是宽恕自己。人非圣贤，孰能无过，有些东西既成事实，就平静地接受，学会宽恕，学会容纳。得饶人处且饶人，宽容是最好的救赎。

○ **哈佛女孩教养手札**

懂得宽容的女孩是气质高雅的女孩。宽容会营造一种气场，能征服他人的心，宽容是一种做人风范，更是一种气质。当你表现出良好的素养，会赢得他人的回应，达到互动的交际功效。我们常说"宰相肚里能撑船"，宽容就是一个人的"性格空间"，这个空间越大，越能容人，他身边的人就会越来越多，高质量的人脉也会随之而来。

现代社会人际关系越来越复杂，很多时候，不仅是不相识的陌生人间，就连亲朋好友间也难免摩擦起火，如果凭着一时的冲动，把得罪自己的人都搞垮，对伤害自己的人打击到底，甚至对一些陈年旧事耿耿于怀、伺机报复，这是不值得你去做的。

曾在哈佛就读的前美国总统林肯在被指责与敌人当朋友时，只是温和地回应说："'我和他们成为朋友'的同时，不正是消灭了自己的敌人吗？"如此睿智的回答，道出了宽容的智慧。对别人宽容其实就是对自己宽容。生活中的矛盾需要我们用宽恕心去化解，宽恕的受益者不只是受宽恕者，还有宽恕者自己。

想成为一个受人欢迎的女孩，那就一定要学会宽容他人。宽容他人是有涵养的表现，会让人觉得你心胸开阔。包容、体谅和大度，才能让我们更完美地做事，更积极地做人。这样在走过人生旅途之后，你才不会后悔，因为你的身后满是芳香、美丽的记忆。

在生活中宽容是一种修养，宽容是一种境界，宽容是一种美德，宽容是一种非凡的气度。宽广的胸怀，是对人、对事的包容和接纳，是一种高贵的品质，是精神的成熟，心灵的丰盈，是仁爱的光芒，无上的福泽，是对别人的释怀，也是对自己的善待。宽容是一种生存的智慧，生活的艺术，是看透社会人生所获得的那份从容、自信和超然。

宽容的女人是美丽的，宽容的人才能得到别人的尊重，女人不是因为漂亮而耀眼，而是因为美丽而动人。漂亮是与生俱来的，但美丽却不同，它是靠后天修养所得的一种独特的气质和涵养，而宽容就是一种高素质的修养。

女孩们要多站在对方的角度思考问题，这是学会宽容很重要的方式，这样会减少很多不必要的矛盾。在因别人说三道四而暗自伤心的时候告诉自己要宽容大气，走自己想走的路，过自己想要的生活。只要自己问心无愧，何必在意别人怎么说；和朋友闹别扭而懊恼不已的时候告诉自己要宽容大气。你我他皆是独立存在的个体，任何人都不需要取悦你，而你自然也不必为他人的瑕疵而耿耿于怀；在被人伤害而悲痛欲绝的时候告诉自己要宽容大气，不要太计较别人怎样对你。人们总是容易被当下的困境遮住视线，深陷其中忘了看脚下的路。要知道，虽然现在你很难过，但事情终将过去，伤害也会成为往事。若干年以后再回首，你会发现那也是一段宝贵的人生经历。多一次原谅，多一次宽容和理解的同时，也为自己多找了一份好心境，会使自己在个性完善的道路上又向前迈进了一步。

当然，宽容不是害怕，不是懦弱，也不是盲从，不是人云亦云，宽容是明辨是非之后对同学、朋友的退让，而不是对坏人坏事的妥协。对坏人和得寸进尺的人是没有必要宽容的。

宽容之心是在交往活动中培养起来的。只有与人交往，才会发现每个人都有这样或那样的缺点，都要犯或大或小的错误，只有学会容忍别人的缺点和错误，才能与人正常交往，友好相处。也只有通过交往，女孩们才能体会到宽容的意义，体会宽容带来的快乐。如称赞别人的优点、庆贺同伴的成功、帮助有困难的朋友、采纳别人的合理建议等。这些都能使孩子得到友谊，分享别人的成功，并使自己获得进步。

在女孩与同伴交往的过程中，还要注意要容忍比自己强的同伴、不如自己的同伴和自己的竞争对手。做到不嫉妒比自己强的同伴，不嘲弄比自己"差"的同伴和不故意为难竞争对手。向好同伴学习，帮助"差"同伴，学会与竞争对手合作。

女孩要多见识新生事物，喜欢并乐意接受新生事物，适应意想不到的变化，善知变和应变。当然，也要学会独辟蹊径地解决问题，一旦习惯于"纳新"和"应变",那么,你对世间的万事万物也就具备了宽容之心。

更重要的是,宽容不仅使自己的心灵得到慰藉,它更是溶解人际间冰块的良药,是人与人感情的桥梁。

宽容的女孩,一定会拥有健康和谐的人际关系,不将心思牵于一事一物,不将怨气挂于心头,这样的女孩,才会拥有平和的气质、清秀的面容、高贵的修养。这样的女孩,终将成长为有气质、有魅力的优秀女性。

生气，是拿别人的错误惩罚自己

> 发怒，是用别人的错误来惩罚自己。
> ——康德

心理学家说，人之所以愤怒是源于我们的无力感。当我们对一件事情没有能力控制和改变时，就会愤怒不已，就会生气。哈佛大学告诉她的学子，当你生气时，你是在放任负能量伤害你自己。

无论怎样，我们每个人与这个世界都是相对的关系，我们身处其中，却也置身其外。如果我们遇到我们无法容忍的错误，积极的方法应该是去寻找解决的途径和接受结果，而不仅仅是发泄愤怒的情绪。

一个无法控制自己的情绪，任由情绪驾驭的人，尤其是女人，表现出的状态是非常糟糕的，它直观地改变你的容颜，暴露你的修养，毁掉你全部的气质。

所以，聪明的女孩儿，不要用他人的错误来如此惩罚自己，那该有多么愚蠢。

○ 哈佛女孩教养手札

有时候，有些人对身边的一些琐碎小事看不顺眼，就会气不打一处来,而且还特别生气。有女孩甚至还会因为生气而大哭一场,又或者用疯狂购物来排解抑郁。殊不知,即便我们发再大的脾气,做出再多的反应,对方就能得到惩罚吗?

事实恰好相反。如果因生气而大哭一场,只能把自己的眼睛哭得红肿,伤害了自己的身体;如果因生气而疯狂购物,挥霍的只能是自己的钱财……这些其实都是在拿别人的错误惩罚自己!这样一来,生气不但没有解决问题,反而把问题搞得更加复杂了。

哈佛大学一直都非常推崇一句话:一只脚跟踩扁了紫罗兰,而它却把香味留在那脚跟上,这就是宽容。告别狭隘的心,用宽容之心包容一切,让自己手有余香。对于生活中不顺心的事,不能宽容待之,一时情绪激动,甚至暴跳如雷,大发脾气,不仅会严重危害自身健康,还会让自己的形象受损。所以,女孩子应该学会不要轻易动怒。

从生理健康的角度讲,动怒绝对是对身体健康的"毒害"。有研

究表明,一个人大发脾气或生闷气时,在生理上会产生一系列变化和反应,致使人体各部分器官都受到损伤,甚至危及生命。生气发怒时能伤心损肺:气愤必然心跳加急,心律失常,使心脏受到邪气的侵入,诱发心慌心痛、呼吸急促、气逆、胸闷、肺胀、咳嗽及哮喘。这样的女孩当然也不会有什么好气色,更不用说是气质出众的美人了。而且,动辄生气的人很难健康、长寿,很多人其实是"气死的"。

要明白,生气是拿别人的过错惩罚自己。既然如此,你还有什么理由为了别人的过错而生气呢?当别人冒犯你的时候,不要急着生气,不妨先冷静下来,对自己说一句:我为什么要生气,这又不是我的错,为什么自己要不开心?这样一想,也许怒火真的就降下来了。保持良好的心态会让你的气质更加优雅。

苏格拉底曾说:"在你发怒的时候,要紧闭你的嘴,免得增加你的怒气。"当某人向你挑衅时,你肯定会激动,有血往上涌的感觉,在这个时候,就要控制自己不发怒,不要把事情看得那么严重。要自信、冷静、放松才行。平静的情绪是非常重要的,特别是在被卷入冲突时。你要想办法使自己平静下来,你要对自己说:"冷静、放松、冷静。"只要保持冷静,就能自我调节。这时,可以想一想,比如,我为什么要发火?发火能让我显示出我的实力吗?所以,这事不值得我去发火。就这样,自己心中的怨气就会很快地消失了。

女孩要注意在日常生活中控制自己的情绪，不要动辄生气，试想待人接物时，一点小事情就把我们激怒，不能保持一种平和的心态，那肯定是有失风度的表现。因为某些事情生气时，要试着找一找事情积极的一面，这样就不会使自己陷入更大的麻烦中去；考虑一下事情最坏的后果，这样也就不会急于下结论了。"他竟然如此表现，实在是可耻。""有谁的脾气像他那么坏，他可真不幸。""不要怀疑自己，他讲的对我没有任何意义。""我正在有效地控制着这个局面，局势是可控制的。"被激怒时，你要对自己说："我现在的肌肉已经开始紧张了。在这个时候就需要放松，慢一点儿，慢一点儿，惊慌失措只能帮倒忙。如此生气毫无价值，我要把他当成一个可笑的家伙。我当然也有急躁和发怒的权利，但是，还是要忍耐一下。现在最重要的就是控制自己不要发火，应该做几次深呼吸。不要手忙脚乱，问题要一个一个去考虑。也许，他真的想激怒我，好，就让他彻底失望吧。我不应该指望人人都按照我所想的那样去做。放松一点儿，不要逞能。"

事过之后，你会发现，"事情并没有想象得那么难，虽然情况可能会有点糟，但我可以解决得很好。虽然我有可能更加失态，但我没有那样。我也可以在不发怒的情况下，很好地把这件事处理掉。我的自尊心虽然受到了一点点的伤害，但如果我不把它看得那么严重，也就无所谓了。"

究表明，一个人大发脾气或生闷气时，在生理上会产生一系列变化和反应，致使人体各部分器官都受到损伤，甚至危及生命。生气发怒时能伤心损肺：气愤必然心跳加急，心律失常，使心脏受到邪气的侵入，诱发心慌心痛、呼吸急促、气逆、胸闷、肺胀、咳嗽及哮喘。这样的女孩当然也不会有什么好气色，更不用说是气质出众的美人了。而且，动辄生气的人很难健康、长寿，很多人其实是"气死的"。

要明白，生气是拿别人的过错惩罚自己。既然如此，你还有什么理由为了别人的过错而生气呢？当别人冒犯你的时候，不要急着生气，不妨先冷静下来，对自己说一句：我为什么要生气，这又不是我的错，为什么自己要不开心？这样一想，也许怒火真的就降下来了。保持良好的心态会让你的气质更加优雅。

苏格拉底曾说："在你发怒的时候，要紧闭你的嘴，免得增加你的怒气。"当某人向你挑衅时，你肯定会激动，有血往上涌的感觉，在这个时候，就要控制自己不发怒，不要把事情看得那么严重。要自信、冷静、放松才行。平静的情绪是非常重要的，特别是在被卷入冲突时。你要想办法使自己平静下来，你要对自己说："冷静、放松、冷静。"只要保持冷静，就能自我调节。这时，可以想一想，比如，我为什么要发火？发火能让我显示出我的实力吗？所以，这事不值得我去发火。就这样，自己心中的怨气就会很快地消失了。

女孩要注意在日常生活中控制自己的情绪,不要动辄生气,试想待人接物时,一点小事情就把我们激怒,不能保持一种平和的心态,那肯定是有失风度的表现。因为某些事情生气时,要试着找一找事情积极的一面,这样就不会使自己陷入更大的麻烦中去;考虑一下事情最坏的后果,这样也就不会急于下结论了。"他竟然如此表现,实在是可耻。""有谁的脾气像他那么坏,他可真不幸。""不要怀疑自己,他讲的对我没有任何意义。""我正在有效地控制着这个局面,局势是可控制的。"被激怒时,你要对自己说:"我现在的肌肉已经开始紧张了。在这个时候就需要放松,慢一点儿,慢一点儿,惊慌失措只能帮倒忙。如此生气毫无价值,我要把他当成一个可笑的家伙。我当然也有急躁和发怒的权利,但是,还是要忍耐一下。现在最重要的就是控制自己不要发火,应该做几次深呼吸。不要手忙脚乱,问题要一个一个去考虑。也许,他真的想激怒我,好,就让他彻底失望吧。我不应该指望人人都按照我所想的那样去做。放松一点儿,不要逞能。"

事过之后,你会发现,"事情并没有想象得那么难,虽然情况可能会有点糟,但我可以解决得很好。虽然我有可能更加失态,但我没有那样。我也可以在不发怒的情况下,很好地把这件事处理掉。我的自尊心虽然受到了一点点的伤害,但如果我不把它看得那么严重,也就无所谓了。"

揣着仇恨，不如将恩惠轻放心头

> 如果没有宽恕之心，生命会被无休止的仇恨和报复所支配。
>
> ——阿萨吉奥利

人生在世，人际的摩擦、误解乃至纠葛、恩怨总是在所难免，如果时常怀揣仇恨，生活只会是如负重登山，举步维艰，最后，只会堵死自己的路。仇恨是人类情感的毒素。心怀仇恨的人与奸诈的人看似受不到别人伤害，但是"毒素"首先伤害的便是他们自己。

哈佛大学教授经常说："要记得那些恩惠，要忘记那些仇恨，这会使你的生活充满幸福和满足感！"曾有一位哲人这样说道："世界上最大的悲剧和不幸就是一个人大言不惭地说，没人给过我任何东西，我恨这个世界。"一个充满仇恨的人，是一个只知道索取的人，他永远体味不到幸福的滋味，永远尝不到轻松的快乐。而忘掉仇恨的最好的方法就是时刻将恩惠放在心头。

○ **哈佛女孩教养手札**

仇恨让人变得愤懑、丑陋、狭隘、思维停滞。放下仇恨才能心安理得、心胸坦荡，才能重获快乐的心境。你要宽恕众生，不论他有多坏，甚至他伤害过你，一定要放下，你才能得到真正的快乐。摒弃心中的仇恨，是宽恕别人，也是放过自己。心中放下了仇恨，也就没有了负面情绪的困扰；心中放下了仇恨，人才能变得平和、安详、轻松、自在、积极向上、充满阳光。放下了仇恨，人才能从内心深处散发出一种恬淡、从容、自信。

人非圣贤，想要忘掉仇恨很难，而要你去爱你的敌人更是强人所难；但考虑自身的健康与幸福，学习宽恕敌人，甚至忘记仇恨，也算是一种明智之举。仇恨的烈焰只会烧伤自己。当你心怀仇恨时，就等于给了他们制胜的力量：给他机会控制你的睡眠、食欲、血压、健康，直至你的心情。如果你的仇人知道他带给你这么多烦恼，他一定会高兴得手舞足蹈！你的憎恨不仅仅伤不了对方一根毫毛，还把自己的日子过得像在地狱一

般。常有一些所谓的厄运，只是因为对他人一时的狭隘和刻薄，而在自己的前进路上自设的一块绊脚石罢了；而一些所谓的幸运，也是因为无意中对他人一时的恩惠和帮助，最终为自己拓宽了道路。

女孩要牢记，感恩是一种美好的品德。忘记仇恨，宽恕他人同样也是一种优良的品德。要获得好人脉，追求真正的快乐，就必须忘掉仇恨，时刻将恩惠放在心头，学会宽恕别人忘记感恩的行为，只享受付出的快乐。要知道忘记感谢乃是人的本性，如果一直期望别人感恩，多半是自寻烦恼。

要记住他人给予的恩惠，忘记他人给予的伤害。忘记仇恨，是一种风度，也是一种智慧。总是揪着别人的错误不放，这不仅让他人痛苦，更会让自己痛苦。你要时常看看自己受到了怎样的恩惠，要看看自己拥有什么。对于那些不愉快的回忆和仇恨，你应该轻轻挥去，让它们随风而逝，融入岁月中。能牢记的一定要铭刻在心底，能施人处且施人，得饶人处且饶人，这会让你获得人生最大的财富——快乐和幸福！